北大社·"十三五"普通高等教育本科规划教材

高等院校材料专业"互联网＋"创新规划教材

DEFORM－3D 塑性成形 CAE 应用教程

（第2版）

主　编　胡建军　李小平

副主编　周　涛　陈元芳

参　编　陈　康　周志明　夏　华

曹建国　张　渝　王梦寒

杨成林

U0246941

北京大学出版社

PEKING UNIVERSITY PRESS

内 容 简 介

本书内容共分为 3 篇：第一篇为理论基础，介绍 DEFORM-3D 分析的基本流程、DEFORM-3D 分析中缺陷的判断及如何提高模拟的精度等内容；第二篇为基本成形，介绍基本的塑性过程分析技巧，包括基本成形的步骤、对称模拟的设置、热传导的分析、成形和热传导的耦合、多工序模拟的设置、设备库的应用意义、停止条件的设置、模具应力分析等内容；第三篇为成形工艺分析实例，介绍各种特殊塑性成形工艺的分析实例，包括轧制分析、辊锻成形分析、楔横轧分析、摆辗成形分析、旋压成形分析、断裂分析、模具磨损分析、热处理、晶粒度分析。

本书可以作为高等院校材料相关专业的教材，也可以作为材料工程技术人员和模具设计、结构分析及成形加工相关专业的工程技术人员的指导手册。

图书在版编目(CIP)数据

DEFORM-3D 塑性成形 CAE 应用教程/胡建军，李小平主编. —2 版. —北京：北京大学出版社，2020.8
高等院校材料专业 "互联网+" 创新规划教材
ISBN 978-7-301-31490-6

Ⅰ. ①D… Ⅱ. ①胡…②李… Ⅲ. ①金属压力加工—塑性变形—计算机辅助分析—高等学校—教材 Ⅳ. ①TG301-39

中国版本图书馆 CIP 数据核字(2020)第 139271 号

书　　　　名	DEFORM-3D 塑性成形 CAE 应用教程（第 2 版）
	DEFORM-3D SUXING CHENGXING CAE YINGYONG JIAOCHENG（DI-ER BAN）
著作责任者	胡建军　李小平　主编
策 划 编 辑	童君鑫
责 任 编 辑	李娉婷
数 字 编 辑	蒙俞材
标 准 书 号	ISBN 978-7-301-31490-6
出 版 发 行	北京大学出版社
地　　　　址	北京市海淀区成府路 205 号　100871
网　　　　址	http://www.pup.cn　新浪微博：@北京大学出版社
编辑室邮箱	pup6@pup.cn
著作责任者	zpup@pup.cn
电　　　话	邮购部 010-62752015　发行部 010-62750672　编辑部 010-62750667
印 刷 者	北京市科星印刷有限责任公司
经 销 者	新华书店
	787 毫米×1092 毫米　16 开本　18.5 印张　432 千字
	2011 年 1 月第 1 版
	2020 年 8 月第 2 版　2023 年 8 月第 3 次印刷
定　　　价	56.00 元

高等院校材料专业"互联网＋"创新规划教材
编审指导与建设委员会

成员名单（按拼音排序）

白培康（中北大学）	陈华辉（中国矿业大学）
崔占全（燕山大学）	杜彦良（石家庄铁道大学）
杜振民（北京科技大学）	耿桂宏（北方民族大学）
关绍康（郑州大学）	胡志强（大连工业大学）
李　楠（武汉科技大学）	梁金生（河北工业大学）
林志东（武汉工程大学）	刘爱民（大连理工大学）
刘开平（长安大学）	芦　笙（江苏科技大学）
裴　坚（北京大学）	时海芳（辽宁工程技术大学）
孙凤莲（哈尔滨理工大学）	孙玉福（郑州大学）
万发荣（北京科技大学）	王春青（哈尔滨工业大学）
王　峰（北京化工大学）	王金淑（北京工业大学）
王昆林（清华大学）	卫英慧（太原理工大学）
伍玉娇（贵州大学）	夏　华（重庆理工大学）
徐　鸿（华北电力大学）	余心宏（西北工业大学）
张朝晖（北京理工大学）	张海涛（安徽工程大学）
张敏刚（太原科技大学）	张　锐（郑州航空工业管理学院）
张晓燕（贵州大学）	赵惠忠（武汉科技大学）
赵莉萍（内蒙古科技大学）	赵玉涛（江苏大学）

第 2 版前言

DEFORM-3D 是一个基于工艺模拟系统的有限元系统（FEM），专门用于分析各种金属成形过程中的三维（3D）流动，提供极有价值的工艺分析数据及有关成形过程中的材料流动和温度流动。典型的 DEFORM-3D 应用包括锻造、挤压、轧制、自由锻、弯曲和其他成形加工手段。

DEFORM-3D 是模拟 3D 材料流动的理想工具。它不仅鲁棒性好，而且易于使用。DEFORM-3D 强大的模拟引擎，能够分析金属成形过程中多个关联对象耦合作用的大变形和热特性，集成了在必要时能够自行触发自动网格重新划分的生成器，可以生成优化的网格系统。在精度要求较高的区域，DEFORM-3D 可以划分细密的网格，从而降低题目的运算量，并显著提高计算效率。DEFORM-3D 图形界面功能强大且操作灵活，为用户准备输入数据和观察结果数据提供了有效工具。

本书内容共分为 3 篇。第一篇为理论基础，编者用语浅显易懂，舍去晦涩难懂的理论公式推导，提取和塑性成形仿真最紧密结合的部分，介绍 DEFORM-3D 塑性成形分析的基本流程、DEFORM-3D 塑性成形分析中缺陷的判断及如何提高模拟的精度等内容。第二篇为基本成形，通过学习，读者可以掌握基本的塑性过程分析技巧，包括基本成形的步骤、对称模拟的设置、热传导的分析、成形和热传导的耦合、多工序模拟的设置、设备库的应用意义、停止条件的设置、模具受力的分析等。编者结合自己的应用经验对这些实例进行点评，使读者在掌握这些案例的同时，理解 DEFORM-3D 塑性成形分析的基本过程和关键技术。第三篇为成形工艺分析实例，主要介绍各种特殊塑性成形工艺的分析实例，包括轧制分析、辊锻成形分析、楔横轧分析、摆辗成形分析、旋压成形分析、断裂分析、模具磨损分析、热处理、晶粒度分析。编者在附录部分为读者整理了常见材料各国牌号对照表，方便读者在模拟时从中寻找自己需要的材料。本书内容由浅至深，循序渐进，方便读者学习。

本书由重庆理工大学胡建军和李小平担任主编，重庆理工大学周涛和陈元芳担任副主编，参加编写的还包括重庆理工大学陈康、夏华和周志明，四川大学曹建国，重庆交通大学张渝，重庆大学王梦寒，重庆科技学院杨成林。本书编写分工：李小平编写第 1～2 章，胡建军编写第 3～8 章和第 10 章，陈元芳编写第 9 章，夏华编写第 11 章，张渝编写第 12 章，曹建国编写第 13 章，杨成林编写第 14 章，陈康编写第 15 章，王梦寒编写第 16 章，周涛编写第 17 章，周志明编写第 18 章。胡建军对本书进行了统稿，并对所有应用案例进行了验证，硕士研究生胡华勇进行了文字校对与图形处理工作。

由于编者水平有限，书中难免有疏漏之处，欢迎广大读者、同行批评斧正。

编　者
2020 年 6 月

【资源索引】

目　　录

DEFORM-3D塑性成形CAE应用教程（第2版）

第一篇

理 论 基 础

第 1 章
塑性成形 CAE 技术

本章学习目标

★ 了解塑性成形计算机辅助工程(CAE)技术及国内外现状；

★ 了解塑性成形技术的特点；

★ 了解 DEFORM - 3D 的发展、特点及功能。

本章教学要点

知识要点	能力要求	相关知识
塑性成形 CAE 技术现状	了解塑性成形 CAE 技术及国内外现状	CAE 技术及塑性成形 CAE 的定义、优点及常见技术
塑性成形技术的特点	了解塑性成形技术的特点	各种类型的常见的塑性成形技术的原理及变形特点
DEFORM - 3D 的发展、特点及功能	了解 DEFORM - 3D 的发展、特点及功能	了解有限元法及刚黏塑性有限元法

导入案例

最近几年，随着计算科学的快速发展和有限元技术应用的日益成熟，CAE 技术模拟分析金属在塑性变形过程中的流动规律在现实生产中得到越来越广泛的应用。CAE 技术的成功运用，不仅大大缩短了模具和新产品的开发周期，降低了生产成本，提高了企业的市场竞争能力，而且有利于将有限元分析法和传统的实验方法结合起来，从而推动模具现代制造业的快速发展。图 1.0 所示为某锻件预成形后的坯料应力分布。

【塑性成形
CAE 技术】

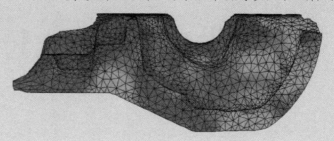

图 1.0　某锻件预成形后的坯料应力分布

1.1　塑性成形 CAE 技术概述

塑性成形 CAE 技术的特点是以工程和科学问题为背景，建立计算模型并进行计算机仿真分析。CAE 技术的应用，一方面，使许多过去受条件限制无法分析的复杂问题，通过计算机数值模拟得到满意的解答；另一方面，使大量繁杂的工程分析问题简单化，使复杂的过程层次化，节省了大量的时间，避免了低水平重复的工作，使工程分析更快、更准确，在产品的设计、分析、新产品的开发等方面发挥了重要作用。同时 CAE 这一新兴的数值模拟分析技术在国外得到了迅猛发展，CAE 技术的发展又推动了许多相关的基础学科和应用科学的进步。

在材料科学中应用 CAE 技术，能够提高产品质量，缩短新产品开发周期，降低生产成本，可以使产品更早地投入市场，获得更好的经济效益，更重要的是能赢得宝贵的时间。时间的丧失意味着失去市场先机，最终将失去客户。

1.1.1　国外 CAE 技术现状

衡量 CAE 技术水平的重要标志之一是分析软件的开发和应用。目前，一些发达国家在这方面已达到了较高的水平，仅以有限元分析软件为例，国际上不少先进的大型通用有限元计算分析软件的开发已达到较成熟的阶段并已商品化，如 ANSYS、MARC、DEFORM、DYNAFORM、AUTOFORM、SUPERFORGE、SUPERFORM、MOLDFLOW 等。这些软件具有良好的前后处理界面，静态过程分析和动态过程分析及线性分析和非线性分析等多种强大的功能，都通过了各种不同行业的大量实际算例的反复验证，其解决复杂问题的能力和效率，已得到学术界和工程界的公认。在北美、欧洲和亚洲一些国家的机械、化工、土木、水利、材料、航空、船舶、冶金、汽车、电气工业设计等许多领域中得到了广泛的应用。

就 CAE 技术的工业化应用而言，西方发达国家目前已经达到了实用化阶段。通过 CAE 与计算机辅助设计（CAD）、计算机辅助制造（CAM）等技术的结合，使企业能对现代市场产品的多样性、复杂性、可靠性、经济性等做出迅速反应，增强企业的市场竞争能力。在许多行业中，计算机辅助分析已经作为产品设计与制造流程中不可逾越的一种强制性的工艺规范加以实施。以国外某汽车公司为例，其绝大多数的汽车零部件设计都必须经过多方面的计算机仿真分析，否则根本通不过设计审查，更谈不上试制和投入生产。计算机数值模拟已不仅仅作为科学研究的一种手段，在生产实践中也已作为必备工具普遍应用。

1.1.2 我国 CAE 技术现状

随着我国科学技术现代化水平的提高，CAE 技术也在我国蓬勃发展起来。科技界和政府的主管部门已经认识到 CAE 技术对提高我国科技水平，增强我国企业的市场竞争能力甚至对整个国家的经济建设都具有重要意义。近年来，我国的 CAE 技术研究开发和推广应用在许多行业和领域已取得了一定的成绩。但从总体来看，我国 CAE 技术研究和应用的水平还不能说很高，某些方面与发达国家相比仍存在不小的差距。从行业和地区分布方面来看，发展也还很不平衡。

目前，我国已经引进一些大型通用有限元分析软件，这些软件在汽车、航空、机械、材料等许多领域得到了应用，而且在某些领域的应用水平并不低。不少大型工程项目也采用了这类软件进行分析。我国已经拥有一批科技人员在从事 CAE 技术的研究和应用，取得了不少研究成果和应用经验，使我们在 CAE 技术方面紧跟现代科学技术的发展，并开发出了CAXA 等具有自主产权的 CAE 软件。但是，这些研究和应用的领域及分布的行业和地区还很有限，现在还主要局限于少数具有较强经济实力的大型企业、部分大学和研究机构。

在 CAE 分析软件开发方面，我国目前仍落后于一些发达国家，严重地制约了 CAE 技术的发展。计算机软件是高技术和高附加值的商品，目前的国际市场被美国等发达国家所垄断。我国的软件工业还非常弱小，仅占有很少量的市场份额。如果不想长期依赖于引进外国的技术和产品，那么我们必须加大力度开发自己的计算机分析软件，只有这样才能改变在技术上和经济上受制于人的局面。

1.2 金属塑性成形技术

金属塑性成形技术是现代制造业中金属加工的重要方法之一，是使金属坯料在模具的外力作用下发生塑性变形，并被加工成棒材、板材、管材及各种机器零件、构件或日用器具的技术。

与金属切削加工、铸造、焊接等加工方法相比，金属塑性成形具有以下特点。

（1）组织、性能得到改善和提高。金属材料经过相应的塑性加工后，其内部组织发生显著变化。例如炼钢铸出的钢锭，其内部组织疏松多孔，晶粒粗大且不均匀，偏析也比较严重，必须经过锻造、轧制或挤压等塑性加工，才能使其结构致密，组织改善，性能提高，因此90%以上的铸钢都要经过塑性加工才能成为钢坯或钢材。此外，经过塑性成形的金属的流线分布合理，工件的性能得到改善。

(2) 材料利用率高。金属塑性成形主要是靠金属在塑性状态下的体积转移来实现的,不产生切屑,因而材料利用率高,可以节约大量的金属材料。净成形工艺材料利用率接近100%。

(3) 生产效率高,适用于大量生产。这一点在金属的轧制、拉丝和挤压等工艺中尤为明显。在冲压工艺中,随着生产机械化与自动化程度的提高,生产率也相应得到提高。例如,高速压力机每分钟的行程次数达到1500~1800次,在双动拉深压力机上成形一个汽车覆盖件仅需几秒。

(4) 尺寸精度高。不少成形方法已达到少切削、无切削的要求。例如,精密模锻的锥齿轮,其齿形部分可不经切削加工而直接使用。精锻叶片的复杂曲面可达到只需磨削的精度,旋压液压缸的表面粗糙度为 $Ra0.40\sim0.20\mu m$,可以直接使用。

由于金属塑性成形具有上述特点,因此在冶金、有色金属加工、汽车、拖拉机、宇航、船舶、军工、仪器仪表、电器和日用五金等工业部门中得到广泛应用。

金属塑性成形的种类很多,分类方法目前还不统一。按照成形的特点,一般把塑性成形分为轧制、拉拔、挤压、锻造和冲压五大类。每类又包括多种加工方法,形成各自的工艺领域。在轧制、拉拔和挤压的成形过程中,变形区是不变的,属稳定的塑性流动过程,适于连续的大量生产,提供型材、板材、管材和线材。在工业生产中金属塑性成形分为自由锻、模锻、板料冲压、挤压、拉拔、轧制等工艺方法。这些工艺方法的具体成形工艺本书不做详细介绍,读者可参考《材料成形技术基础》等教材。

1.3 DEFORM-3D 概述

DEFORM-3D 是针对复杂金属成形过程的三维金属流动分析的功能强大的过程模拟分析软件。该软件是一套基于工艺模拟系统的有限元系统,专门设计用于分析各种金属成形过程中的三维(3D)流动,提供极有价值的工艺分析数据及有关成形过程中的材料和温度流动。典型的 DEFORM-3D 应用包括锻造、摆辗、轧制、旋压、拉拔和其他成形加工手段。DEFORM-3D 是模拟 3D 材料流动的理想工具。它不仅稳定性好,而且易于使用。DEFORM-3D 强大的模拟引擎能够分析金属成形过程中多个关联对象耦合作用的大变形和热特性。系统中集成了在任何必要时能够自行触发自动网格重划生成器,生成优化的网格系统。在要求精度较高的区域,DEFORM-3D 可以划分细密的网格,从而降低题目的运算规模,并显著提高计算效率。

DEFORM-3D 的图形界面功能强大且操作灵活,为用户准备输入数据和观察结果数据提供了有效工具。DEFORM-3D 还提供 3D 几何操纵修正工具,这对于 3D 过程模拟极为重要。DEFORM-3D 延续了 DEFORM 系统几十年来一贯秉承的力保计算准确可靠的传统。在国际范围复杂零件成形模拟招标演算中,DEFORM-3D 的计算精度和结果可靠性被国际成形模拟领域公认为第一。对于相当复杂的工业零件(如连杆、曲轴、扳手)及具有复杂筋-翼的结构零件、泵壳和阀体的成形模拟,DEFORM-3D 都能够令人满意地例行完成。

1.3.1 DEFORM-3D 的发展

20 世纪 70 年代后期,加利福尼亚大学小林研究室在美国军方的支持下开发出有限元软件 ALPID(Analysis of Large Plastic Incremental Deformation)，在此基础上，小林研究室于 1990 年开发出 DEFORM－2D。后来，该软件的开发者独立出来成立了 SFTC 公司(Scientific Forming Technologies Co.)，并推出了 DEFORM－3D。DEFORM－3D 是集成了原材料、成形、热处理和机加工的软件。

DEFORM 的理论基础是经过修订的拉格朗日定理，属于刚塑性有限元法，其材料模型包括刚性材料模型、塑性材料模型、多孔材料模型和弹性材料模型。DEFORM－2D 的单元类型是四边形，DEFORM－3D 的单元类型是经过特殊处理的四面体。四面体单元比六面单元容易实现网格重划分。DEFORM 具有强大的网格重划分功能，当变形量超过设定值时自动进行网格重划分。在网格重划分时，工件的体积有部分损失，损失越大，计算误差越大，DEFORM 在同类软件中体积损失最小。

DEFORM 提供了多种迭代计算方法，同时提供了丰富的材料库，几乎包含所有常用材料的弹性变形数据、塑性变形数据、热能数据、热交换数据、晶粒长大数据、材料硬化数据和破坏数据。

1.3.2　DEFORM－3D 的特点

DEFORM－3D 具有以下特点。

(1) **DEFORM－3D** 是在一个集成环境内综合建模、成形、热传导和成形设备特性进行模拟仿真分析的软件，适用于热成形、冷成形及温成形，提供极有价值的工艺分析数据。例如材料流动、模具填充、锻造负荷、模具应力、晶粒流动、金属微结构和缺陷产生发展情况等。DEFORM－3D 处理的对象为复杂的三维零件、模具等。

(2) 不需要人工干预，全自动网格再剖分。

(3) 前处理中自动生成边界条件，确保数据准备快速可靠。

(4) 模型来自 CAD 系统的面或实体造型(STL/SLA)格式。

(5) 集成有成形设备模型，如液压压力机、锤锻机、螺旋压力机、机械压力机等。

(6) 表面压力边界条件处理功能适用于解决胀形工艺模拟。

(7) 单步模具应力分析方便快捷，适用于多个变形体、组合模具、带有预应力环时的成形过程分析。

(8) 材料模型有弹性、刚塑性、热弹塑性、热刚黏塑性、粉末材料、刚性材料及自定义类型。

(9) 实体之间或实体内部的热交换分析既可以单独求解，也可以耦合在成形模拟中进行分析。

(10) 具有 FLOWNET 和点迹示踪、变形、云图、矢量图、力-行程曲线等后处理功能。

(11) 具有 2D 切片功能，可以显示工件或模具剖面结果。程序具有多联变形体处理能力，能够分析多个塑性工件和组合模具应力。

(12) 后处理中的镜面反射功能为用户提供了高效处理具有对称面或周期对称面的机会，并且可以在后处理中显示整个模型。

(13) 自定义过程可用于计算流动应力、冲压系统响应、断裂判据和一些特别的处理要求，如金属微结构、冷却速率、力学性能等。

1.3.3 DEFORM-3D 的功能

1. 成形分析

DEFORM-3D 的成形分析功能包括以下几项。

（1）冷锻、温锻、热锻的成形和热传导耦合分析。

（2）丰富的材料数据库，包括各种钢、铝合金、钛合金和超合金。

（3）用户自定义材料数据库允许用户自行输入材料数据库中没有的材料。提供材料流动、模具充填、成形载荷、模具应力、纤维流向、缺陷形成和韧性破裂等信息。

（4）刚性、弹性和热黏塑性材料模型特别适用于大变形成形分析。

（5）弹塑性材料模型适用于分析残余应力和回弹问题。

（6）烧结体材料模型适用于分析粉末冶金成形。

（7）完整的成形设备模型可以分析液压成形、锤上成形、螺旋压力成形和机械压力成形。

（8）用户自定义子函数允许用户定义自己的材料模型、压力模型、破裂准则和其他函数。

（9）网格画线和质点跟踪可以分析材料内部的流动信息及各种场量分布。

（10）温度、应变、应力、损伤及其他场变量等值线的绘制使后处理简单明了。

（11）自我接触条件及完美的网格再划分使得在成形过程中即使形成了缺陷，模拟也可以进行到底。

（12）多变形体模型允许分析多个成形工件或耦合分析模具应力。

（13）基于损伤因子的裂纹萌生及扩展模型可以分析剪切、冲裁和机加工过程。

2. 热处理

DEFORM-3D 的热处理功能包括以下几项。

（1）模拟正火、退火、淬火、回火、渗碳等工艺过程。

（2）预测硬度、晶粒组织成分、扭曲和含碳量。

（3）专门的材料模型用于蠕变、相变、硬度和扩散。

（4）可以输入顶端淬火数据来预测最终产品的硬度分布。

（5）可以分析各种材料晶相，每种晶相都有自己的弹性、塑性、热和硬度属性。

（6）混合材料的特性取决于热处理模拟中每步各种金属相的百分比。

DEFORM-3D 用来分析变形、传热、热处理、相变和扩散之间复杂的相互作用。各种现象之间相互耦合。拥有相应的模块以后，这些耦合效应将包括由于塑性变形引起的升温、加热软化、相变控制温度、相变内能、相变塑性、相变应变、应力对相变的影响，以及含碳量对各种材料属性产生的影响等。

综合习题

（1）简述常见塑性成形工艺的成形原理及特点。

（2）简述常见塑性成形 CAE 软件及优缺点。

（3）简述金属板料成形与体积成形在变形和研究上的区别。

第2章
塑性成形过程数值模拟

 本章学习目标

★ 了解 DEFORM-3D 的模块结构；

★ 掌握有限元软件仿真求解的基本过程；

★ 了解塑性成形模拟的特点；

★ 了解有限元分析需要处理的基本问题。

 本章教学要点

知识要点	能力要求	相关知识
DEFORM-3D 的模块结构	了解 DEFORM-3D 的模块结构及各个模块的功能	塑性有限元软件的前处理、求解器及后处理
有限元软件仿真求解的基本过程	掌握有限元软件仿真求解过程的工艺流程及各个工序的功能	有限元仿真的实质及实现步骤：划分网格、材料分配、工具及边界条件的设置等
塑性成形模拟的特点	了解塑性成形及其模拟分析的特点	塑性成形 CAE 分析材料的非线性、几何的非线性和接触的非线性
塑性有限元过程的基本问题	了解有限元分析需要处理的基本问题	塑性成形分析的速度场、收敛依据、摩擦条件、刚性区等基本理论问题

导入案例

　　塑性加工过程的有限元数值模拟，可以获得金属变形的详细规律，如网格变形、速度场、应力和应变场的分布规律，以及载荷-行程曲线等。通过对模拟结果的可视化分析，可以在现有的模具设计上预测金属的流动规律（包括缺陷的产生），并利用得到的力边界条件对模具进行结构分析，从而改进模具设计，提高模具设计的合理性和模具的使用寿命，减少模具重新试制的次数。

　　刚塑性有限元法假设材料具有刚塑性的特点，把实际的加工过程定义为边值问题，从刚塑性材料的变分原理或上界定理出发，借有限元模式把能耗率表示为节点速度的非线性函数，利用数学上的最优化原理，在给定变形体某些表面的力边界条件和速度边界条件的情况下，求满足平衡方程、本构方程和体积不变条件的速度场和应力场。

【塑性加工过程模拟】

　　在塑性成形过程中，工件发生很大的塑性变形：在位移与应变的关系中存在几何非线性；在材料的本构关系中存在材料（即物理）非线性；工件与模具的接触与摩擦引起状态非线性。因此，金属塑性成形问题难以求得精确解。有限元法是进行非线性分析的强有力的工具，也是广泛流行的金属塑性成形过程模拟的方法。

　　在塑性成形过程的有限元模拟中，根据材料应变与位移及应变与应力之间的关系的不同，可以将有限元解法分为小变形弹塑性有限元法、有限应变弹塑性有限元法、刚塑性有限元法和黏塑性有限元法；根据有限元求解与实际成形过程的顺序是否一致，可以将有限元模拟分为正向模拟与反向模拟两种类型。

　　在金属塑性成形过程的有限元模拟方面，各国学者做了大量的研究工作。20世纪80年代末期以来，金属塑性成形过程的计算机模拟技术逐渐成熟并进入使用阶段。在工业发达国家，计算机模拟技术已经成为检验模具设计的常规手段和模具设计制造流程的必经环节。实践表明，应用塑性成形过程模拟技术，能大大缩短模具开发周期，优化成形工艺和工件质量，实现并行工程，产生显著的经济效益。

2.1　DEFORM-3D的模块结构

　　成形过程仿真系统的建立，就是将有限元理论、成形工艺学、计算机图形处理技术等相关理论和技术进行有机结合的过程。成形问题有限元分析流程如图2.1所示。从图中看出，DEFORM-3D的模块结构是由前处理、模拟处理（FEM求解器）和后处理三大模块组成的。

　　有限元仿真主要包括以下几个过程。

1. 建立几何模型

　　一般的有限元分析商业软件都提供简单的几何造型功能，可满足几何形状简单的成形模拟建模需要。形状简单的模具和工件，可以由分析人员利用模拟软件生成。毛坯通常采用这种方法生成，一方面毛坯的形状简单，另一方面在工艺设计阶段毛坯的精确尺寸往往还未确定，而是要根据模拟结果确定。

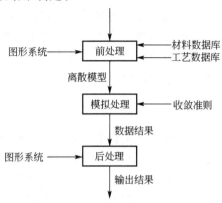

图 2.1　成形问题有限元分析流程

模具型面往往包含自由曲面，需要用 CAD 系统造型。分析软件一般都具有 CAD 系统的文件接口，以便读入在 CAD 系统中生成的设计结果。常用的文件接口有 IGES、STL、VDA 等。有些软件还针对一些常用的 CAD 软件开发了专用接口。

由模具设计人员用 CAD 软件设计的几何模型，往往不能完全满足有限元分析的要求。例如，曲面有重叠、缝隙，包含过于细长的曲面等。因此，需要进行检查和修改，以消除这些缺陷。另外，原始设计中包含的一些细小特征（如小凸台、拉深筋等）应该删去，以免在这些区域产生过多细小的单元，增加不必要的计算工作量。这些过程一般称为几何清理。

2. 建立有限元分析模型

（1）划分网格

划分网格是将问题的几何模型转化为离散化的有限元网格。分网时要根据问题本身的特点选择恰当的单元类型。根据问题的几何特点和受力状态特点，尽可能选择较简单的单元类型，如平面应变问题和轴对称问题仅在平面内进行离散化，尽量不用二维单元。一般来说，采用三角形单元和四面体单元容易对复杂的区域自动分网，具有很强的适应性，但常应变的三角形单元和四面体单元计算精度低。四边形单元和六面体单元计算精度较三角形单元和四面体单元高，但是复杂区域难以剖分成全部为四边形单元或六面体单元，尤其是难以实现全自动剖分。如果可能，应尽量采用四边形单元和六面体单元。为了便于在计算中根据曲率变化和应变梯度的变化灵活地进行网格密度调整（细化和粗化），提高成形模拟的精度，也常采用可变节点数的过渡单元。

网格划分的方法主要可分为两类。

一类是映射法，或称结构化的方法。使用映射法，先将需要分网的区域分解成四边形或三角形的较规则的子域，每个子域作为一个超单元；再针对每个子域给定各边的节点数量；然后生成与子域形状相似的单元。映射法方便用户控制，可以实现特定的意图，但操作麻烦，网格的质量不一定好。

另一类是自由的或非结构化的方法。这类方法所依据的算法种类繁多，由于其自动化水平高，生成的网格一般而言质量好，能适应各种复杂的情况，用户可以指定各个位置单元的边长以实现网格密度的变化，使用更为方便。在成形模拟中，毛坯形状简单，可用映射法分网；而模具型面一般由许多曲面片构成，形状复杂，一般采用自动剖分方法。

分网后应检查网格质量，其中包括单元各边长应尽可能相等，单元的内角应尽可能平均，四节点壳单元的各节点应尽可能共面。另外，为使离散后的有限元模型尽可能接近原模型的几何形状，应控制离散化前后的表面之间的最大偏差。对于检验不合格的单元，需要调整网格密度控制参数重新分网，或进行局部的手工调整，如移动节点位置、网格加密等。

（2）选择材料模型

功能强的分析软件提供的材料模型种类较多，用户可以根据问题的主要特点、精度要求及可得到的材料参数选择合适的模型，并输入有关参数。例如，对于各向异性较强的板材的冲压成形，应选用塑性各向异性材料模型；对于热锻问题，应选用黏塑性模型，为了提高计算精度，还可以考虑选用材料参数随温度变化的模型；为了预测冷锻等成形过程中工件的内部裂纹，可以采用损伤模型；等等。越是复杂的模型，其计算精度越高，相应的计算量也会提高，同时需输入的材料参数也越多。一般而言，材料的物理性能和弹性性能参数（如密度、热容、弹性模量、泊松比等），对于材料成分和组织结构小的变化不太敏感，精度要求不特别高时，可以参照类似材料的参数给定。但是材料的塑性性能是结构敏感的，与材料的成分、组织结构、热处理状态，以及加工历史等都有密切关系，需要通过试验测定。

（3）选择求解算法

对于准静态的成形过程，应尽可能选用静力算法求解，以避免采用动力算法时人为引入的惯性效应，同时静力算法求得的应力场也更为准确，有利于回弹预测的准确性。对于高速成形过程，应采用动力算法求解，以便考虑惯性效应的影响。另外，对于静力算法不易收敛的准静态问题，可利用动力算法对强非线性问题的强大处理能力进行求解，但要仔细地考察惯性效应带来的误差。

在体积成形模拟中，若主要关心成形过程中工件的变形情况，应采用刚塑性有限元法，以减少计算量；若还要考虑工件卸载后的残余应力分布，则应采用弹塑性有限元法。

3. 定义工具和边界条件

（1）定义工具

在成形模拟中直接给定工件所受外力的情况是很少见的。工件所受的外力主要是通过工件与模具的接触施加的。建立几何模型时定义了工具的几何形状，划分网格时建立了工具表面的有限元模型。为使工具的作用能正确施加到工件上，还需定义工具以下三方面的性质。

① 位置和运动。将各个工具放置到正确的位置上，每个工具应有正确的相对位置关系。通过工具的选择，定义每一道工序中起作用的工具。工具的运动方式主要有两种：直线运动和旋转。定义直线运动需给定运动方向和位移（或速度）随时间的变化规律；定义旋转需给定转轴和转角（或角速度）随时间的变化规律。

② 接触和摩擦。有的软件提供了多种接触和摩擦的处理方法供用户选择，有的软件仅提供默认的处理方法，仅需输入摩擦因数或摩擦因子。

③ 其他工艺参数。例如，冲模中的压边圈需要给定压边力。冲模的拉深筋若直接用其几何形状来建模，就要对工件流过拉深筋的部分细分网格，增加了不必要的计算量，所

以通常采用等效拉深筋模型(线模型)来模拟它对板材的进料阻力。用户可以直接输入确定拉深筋阻力的参数，也可以给出拉深筋的剖面尺寸，由软件计算出对应的拉深筋阻力。

（2）定义边界条件

成形模拟中的位移边界条件主要是对称性条件，利用对称性可以大大减少所需的计算量。在液压成形中要定义液压力作用的工件表面和液压力随时间的变化关系。热分析中的边界条件包括环境温度、表面热交换系数等。

4. 求解

求解阶段一般不需用户干预。成形过程模拟由于具有高度非线性性质，计算量很大。计算过程的有关文字信息可以从输出窗口观察，通过图形显示可以随时检查计算所得的中间结果。如果计算出现异常情况或用户想改变计算方案，可以随时中止计算进程。计算的中间结果将以文件形式保存。重新启动计算时不必从头算起，可以从保存了结果的时刻算起。另外，塑性成形中，尤其是体积成形中，网格可能发生严重的畸变，在这种情况下，为保证计算的正常进行，需要重分网格，然后继续计算。功能强的软件可以自动进行网格自适应重分，不必用户干预。

5. 后处理

后处理通常是通过读入分析结果数据文件激活的。分析软件的后处理模块能提供工件变形形状、模型表面或任意剖面上的应力-应变分布云图、变形过程的动画显示、选定位置的物理量与时间的函数关系曲线、沿任意曲线路径的物理量分布曲线等，使用户能方便地理解模拟结果，预测成形质量和成形缺陷。例如，冲压成形模拟中用成形极限图显示工件各部分的安全裕度，用光照效果图显示工件的起皱等表面缺陷；体积成形中用损伤因子分布云图显示工件内部出现裂纹的危险程度，用选定质点的流线显示成形中金属的流动方式。

2.2　塑性成形模拟的特点

在塑性成形中，材料的塑性变形规律、模具与工件之间的摩擦现象、材料中温度和微观组织的变化及其对制件质量的影响等，都是十分复杂的问题。这使得塑性成形工艺和模具设计缺乏系统的、精确的理论分析手段，而主要是依据工程师长期积累的经验。对于复杂的成形工艺和模具，设计质量难以得到保证。一些关键性的成形工艺参数要在模具制造出来之后，通过反复调试、修改才能确定，这样会耗费大量的人力、物力和时间。借助于数值模拟方法，能使工程师在工艺和模具设计阶段预测成形过程中工件的变形规律、可能出现的成形缺陷和模具的受力状况，以较小的代价用较短的时间找到最优的或可行的设计方案。塑性成形过程的数位模拟技术是使模具设计实现智能化的关键技术之一，它为模具的并行设计提供了必要的支撑。应用数值模拟技术能降低成本、提高质量、缩短产品交货期。

与一般的有限元结构分析类似，塑性成形过程模拟也可以大致分为建模(即建立几何模型)、划分网格(即建立有限元模型)、定义工具和边界条件、求解和后处理几个步骤。但是塑性成形模拟还有自身的特点，具体如下。

（1）工件通常不是在已知的载荷下变形，而是在模具的作用下变形，而模具的型面通常是很复杂的。处理工件与复杂的模具型面的接触问题增大了模拟计算的难度。

（2）塑性成形往往伴随着温度变化，热成形和温成形更是如此，因此，为了提高模拟精度，有时要考虑变形分析与热分析的耦合作用。塑性成形还会导致材料微观组织性能的变化，如变形织构、损伤、晶粒度等的演化，考虑这些因素也会增加模拟计算的复杂程度。

2.3 有限元处理过程的几个问题

体积成形为大变形，仿真过程中主要应用的有限元方法包括刚塑性有限元、刚黏塑性有限元，其理论部分在其他专门的理论教材中已经讲得很透彻了，这里不再赘述。这里只讨论有限元计算前和计算过程中还需要处理的技术问题，以便大家能够合理选取仿真前处理参数。

1. 初始速度场的生成

用迭代方法求解非线性方程组时，需要设定一个初始的速度场作为迭代的起始点，并利用该起始点进行反复迭代直至收敛于真实解。初始速度场的选择不可能、也没有必要十分精确，但必须满足边界条件，并大体上反映材料变形过程中的流动规律。初始速度场选择的好与坏，直接影响收敛速度的快与慢。当初始速度场与实际速度场相差较大时，就难以收敛，甚至还会发散。初始速度场最常用的产生方法有以下几种。

（1）工程近似法

对于变形毛坯形状和边界条件比较简单的情况，可以采用能量法、上限法等工程计算方法求得近似速度场作为有限元计算时的初始速度场。

（2）网格细分法

先将变形体分成几个大的单元，采用均匀速度场作为初始的速度场进行计算，取得收敛到一定程度的计算结果；再将单元进一步细分，并用插值法获得细分后新节点的速度值，以此作为新的初始速度场。重复求解过程，经反复迭代，直到取得满意的结果。

该方法需要有相应的程序来处理新旧节点间的编号对应关系，并在此基础上正确地对新增节点的坐标和速度进行插值计算。

（3）近似泛函法

对于形状和边界条件都比较复杂的变形体，多采用近似泛函的方法来生成初始速度场，具体思路：从广义变分原理的几种泛函出发，构造一个与总能最泛函相近的泛函Ⅱ，并能由其取得驻位的条件（δΠ＝0）获得线性方程组，用这个方程组求得满足边界条件的速度场作为初始速度场。近似泛函Ⅱ可采用拉格朗日乘子法和罚函数法。

2. 收敛判据

在刚（黏）塑性有限元求解过程中，还必须给出一个收敛标准，作为非线性方程组迭代收敛的判据。常用的收敛判据有以下几种。

（1）速度收敛判据

以节点速度修正量的相对范数比作为收敛判据。

（2）平衡收敛判据

以节点力不平衡量的相对范数作为收敛判据。

（3）能量收敛判据

以能量泛函的一阶变分值作为收敛判据。

3. 摩擦边界条件的选择

摩擦现象是金属成形过程中十分复杂且普遍存在的问题，能否正确处理摩擦边界条件、选择合理的摩擦模型，将直接影响有限元计算结果的准确性。常用的摩擦边界条件有以下几种。

（1）剪切摩擦模型

假设摩擦表面上摩擦因子 m 为常数，即

$$\tau_f = mk \tag{2-1}$$

式中，τ_f 为摩擦应力；m 为摩擦因子，$0 \leqslant m \leqslant 1$；$k$ 为剪切屈服极限，$k = \dfrac{\bar{\sigma}}{\sqrt{3}}$。

式（2-1）适用于与模具接触的塑性变形区部分。

（2）库仑摩擦模型

假设摩擦因数为常数，摩擦应力与摩擦表面上的正压力成正比，即

$$\tau_f = \mu p \tag{2-2}$$

式中，μ 为摩擦因数；p 为摩擦表面上的正压力。

式（2-2）适用于与模具接触的相对滑动速度较慢的刚性区部分，所求出的摩擦应力应小于或等于剪切屈服极限。

使用库仑摩擦模型时，可先假定一种摩擦力分布模式，由此计算出相应的正压力，并由计算出的正压力给出新的摩擦力分布。重复以上过程，反复迭代，直到前后两次迭代得出的摩擦力分布基本一致为止。

（3）线性黏摩擦模型

假设摩擦因数为相对滑动速度 $\Delta \dot{u}_r$ 的函数，即

$$\tau_f = \alpha \Delta \dot{u}_r p \tag{2-3}$$

式中，α 为常数，此时 $\mu = \alpha \Delta \dot{u}$。

式（2-3）适用于与模具接触的相对滑动速度较快的刚性接触区，所求出的摩擦应力小于或等于剪切屈服极限。

（4）能量摩擦模型

假设摩擦消耗的功为相对滑动速度 $\Delta \dot{u}_r$ 的函数，即

$$\prod_f = -\int_{S_f} k \left| \dot{u}_r \right| \mathrm{d}S \tag{2-4}$$

式中，负号表示摩擦力和相对滑动速度方向相反。

（5）反正切摩擦模型

假设摩擦力为相对滑动速度 $\dot{u}_r$ 的反正切函数，即

$$\tau_f = -mk \left\{ \frac{2}{\pi} \arctan \left(\frac{\left| \dot{u}_r \right|}{\alpha \left| \dot{u}_d \right|} \right) \right\} \dot{u}_0 \tag{2-5}$$

式中，m 为摩擦因子；k 为剪切屈服强度；α 为比模具速度小几个数量级的正数，一般取

105；$\boldsymbol{\dot{u}}_d$为模具速度；$\boldsymbol{\dot{u}}_0$为单位矢量。

上述公式特别适用于变形材料中存在相对滑动速度为零的中性点或中性区的加工过程，当$|\boldsymbol{\dot{u}}_r|=0$时，$\tau_f=0$，此时摩擦应力改变方向。

4. 刚性区的简化

刚（黏）塑性有限元建立于刚（黏）塑性变分原理之上，而刚（黏）塑性变分原理只适用于塑性变形区。由于在刚性区内应变速率接近或者等于零，在计算过程中会引起泛函变分的奇异，造成计算结果的溢出，因此有必要区分塑性变形区与刚性区。但在计算开始时，很难准确地确定塑性变形区与刚性区的交界面，为了解决该问题，常采用简化的处理办法。

5. 边界条件的处理

材料变形过程中，会出现边界条件的动态变化。对于金属塑性加工，其边界条件可分为两大类：自由表面和接触表面。自由表面是变形体可以自由变形的那部分表面，它是一种给定载荷为零的特殊力面；而接触表面是变形体与模具相接触的那部分表面，它是一种给定了外力或位移（速度）的混合面。动态边界条件的处理，主要是指对接触问题的处理，包括对接触问题的几何机制（触模与脱模）和物理机制（摩擦模型）等的处理。

（1）速度奇异点的处理

速度奇异点是指材料在变形过程中，由于受模具约束，其流动速度发生急剧变化的点。为了保证能量守恒，在刚（黏）塑性有限元计算过程中要求节点处受力平衡和节点处速度一致，由于在速度奇异点处节点速度发生突然变化，因此会影响到计算结果的精度和迭代的收敛性。通常处理奇异点的方法有以下几种。

① 局部细分单元法。将速度奇异点附近局部区域的单元划分得密一些，并使节点避开速度奇异点，这样就能够较好地反映局部速度的剧烈变化。

② 双速度点处理法。使共用速度奇异点为节点的两单元在速度奇异点处的节点有共同的坐标值，但具有不同的速度，相当于速度奇异点被分属不同单元且具有不同速度的节点所共用。

③ 多速点处理法。将速度奇异点看作由多个节点组成的复合点。和双速度点处理法相仿，复合点处的节点分属不同的单元，在满足单元之间不相互分离又不相互嵌入的条件下，它们有各自的速度。这种处理方法能够满足速度奇异点周围的材料任意流动情况，并能将相邻单元之间的滑动量和几何上的重叠或分离量反映在能量泛函中。

（2）翻边现象的处理

在镦粗或类似的材料成形工艺中，如果材料与模具间的摩擦因数较大，且变形达到一定程度，就有可能发生翻边现象，翻边时毛坯的侧边金属翻转而上与上模相接触，形成新的边界。

（3）脱模与触模处理

脱模与触模处理的实质就是在每一个增量加载步长内处理边界节点与模具的接触和脱离而引起的约束条件的变化。对于接触模具的节点应及时施加边界约束条件，使之只能沿模具型腔表面移动，而不会穿透模具；对于脱离模具表面的节点，应当解除其速度约束。

6. 时间步长的确定

用迭代方法求解非线性方程组时，需要确定一个时间步长来控制求解过程，并在迭代收敛后利用该时间步长更新有关场量。体积成形有限元时间步长的确定要考虑以下几方面的约束。

（1）触模和脱模条件

触模和脱模条件应考虑变形材料的下一个边界自由点接触模具所需要的时间 Δt_1，以及已接触模具的节点脱离模具所需要的时间步长 Δt_2。

（2）体积不变条件

体积不变条件应考虑变形材料所允许的最大应变增量对应的时间步长 Δt_3，Δt_3 主要根据体积不变条件而定。Kobayashi 等指出，当位移步长为成形件高度的 1%、变形量达到 90% 时，体积的损失为 2.3%，因此，如果要求体积损失不大于 2%，必须使位移步长不超过变形体当前高度的 1%。

（3）迭代收敛性条件

迭代收敛性条件应考虑迭代收敛性所允许的时间步长 Δt_4。从速度场的收敛性方面考虑，时间增量步长不宜太大，否则会使收敛速度下降，甚至不收敛。

7. 网格的重新划分

用刚（黏）塑性有限元法计算材料成形过程时，随着变形程度的增加和动态边界条件的变化，初始划分好的规则有限元网格，会发生部分畸变现象，网格会出现不同程度的扭曲，从而影响有限元的计算精度，严重时会使迭代过程不收敛。

综合习题

（1）一般有限元软件包括哪几个模块？

（2）有限元仿真主要包括哪几个过程？

（3）常见的金属材料模型有哪些？

（4）塑性有限元的常用算法有哪些？

（5）板料成形与体积成形的区别是什么？

（6）有限元软件计算中常见的接触形式有哪些？

（7）简述常见的经典摩擦理论及原理。

第3章
塑性仿真缺陷预测

 本章学习目标

★ 了解塑性成形仿真的常见缺陷预测；

★ 了解金属的断裂准则及断裂仿真的预测；

★ 了解 DEFORM-3D 的缺陷预测；

★ 了解在利用 DEFORM-3D 预测塑性成形工艺时如何提高准确度。

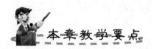 本章教学要点

知识要点	能力要求	相关知识
塑性成形仿真的常见缺陷预测	了解塑性成形仿真的常见缺陷预测	塑性成形中的组织变化、失稳现象、起皱及破裂
金属的断裂准则及断裂仿真	了解常见的断裂准则及测定方法	断裂产生的基本理论
DEFORM-3D 的缺陷预测	了解 DEFORM-3D 分析中的缺陷及预测	折叠、充不满、排气问题及断裂的表现形式
提高塑性成形数值仿真的精度	了解塑性成形仿真中的有限元基本特点，结合仿真工序，掌握影响仿真精度的基本因素	材料的准确描述，网格的划分，摩擦的取值

导入案例

金属成形缺陷的预测研究是预防缺陷、提高质量和控制成形的关键所在。金属塑性成形过程中的缺陷主要分为表面缺陷和内部缺陷两大类。常见的表面缺陷有折叠、开裂和充不足等，这些表面缺陷的产生将导致产品的报废，从而造成很大的经济损失。内部缺陷主要表现为产品内部的开裂。由于产品的内部缺陷具有一定的隐蔽性，会给产品的工程应用带来很大的危害性，因此，通过预测研究来制定缺陷防止措施对工业生产具有重要意义。成形缺陷的产生将直接影响产品的质量。能够预见这些缺陷的发生，对积极推进产品设计、提高工艺工装设计的科学性，以及控制并消除缺陷，具有重要意义。

长期以来，人们从试验模拟、理论分析和数值计算三个方面对金属塑性成形进行了大量研究，各种模拟技术在研究和生产中得到应用并迅速发展。

随着计算机及计算技术的迅猛发展，以有限元法为代表的数值模拟方法已广泛应用于金属塑性成形过程分析，运用刚塑性有限元法进行金属塑性成形缺陷预测也取得了较大的成功。一方面，数值模拟方法可以实时跟踪描述金属的流动行为，揭示缺陷的形成机理，具有直观、形象的特点；另一方面，现代大容量、高速度的计算机客观上使得短时间内系统模拟不同成形条件下的塑性成形过程成为可能，因而可以在有限的时间内得到比较全面的模拟结果。无疑，数值模拟方法作为一种缺陷预测手段具有很大的优越性。图3.0所示为有限元预测的扣钉折叠分析和试验的对比。

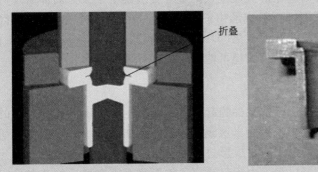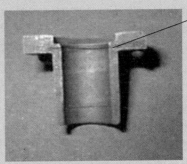

折叠

折叠

【扣钉折叠】

图 3.0   有限元预测的扣钉折叠分析和试验的对比

3.1   组织性能的变化和成形缺陷预测

1. 成形过程的组织变化

金属塑性成形的过程伴随着材料组织性能和微结构的变化，如变形诱导织构和损伤的演化、热加工过程中的相变与再结晶等。一方面，材料的组织性能对材料的成形性能有很大的影响，在分析时要加以考虑，如材料的微观组织演化会影响其屈服应力和塑性，多晶体金属材料的织构会导致塑性各向异性等。另一方面，材料的组织性能及其演化又直接影响零件的使用性能，应该在塑性成形中予以控制。

由织构引起的塑性各向异性目前通常是采用宏观的现象学模型（如 Hill 提出的两种各

向异性屈服准则)加以考虑。织构演化可以利用晶体塑性理论进行分析，但目前对于织构演化的预测主要还是定性的。

对于损伤的分析，目前较为成熟的是 Gurson 提出并被其他研究者修正的各向同性空洞损伤模型。该模型已为许多商用软件所采用，作为预测塑性冷加工中损伤破坏的手段。损伤的演化与平均应力有密切的关系。

材料热加工中的相变与再结晶要与变形分析与热分析结合进行。在一定的温度和应力条件下，材料相变转化规律和晶粒长大规律及各相力学性能与温度的关系都要通过试验测定。分析时，要考虑变形、传热和组织转变三者的相互影响。

塑性成形中材料组织性能演化规律的研究，是一个力学、材料科学和塑性成形工艺等多学科交叉的研究领域，应该采用多学科协同的研究方法，通过力学分析预测应变场、应力场和温度场，通过材料科学研究和试验，建立具体材料的组织、性能和微结构演化规律，通过塑性成形工艺研究，探索利用上述分析结果实现工艺优化的途径。

2. 成形过程的稳定性

一般来说，在弹塑性变形起始阶段，变形模式是唯一的，即解是唯一的，也是稳定的。随着变形的进行，载荷增加，新的变形模式成为可能，解也就失去唯一性。

受压失稳一般表现为由压缩变形模式转变为弯曲变形模式，如压杆失稳及板料成形中的起皱。受压失稳在弹性或弹塑性状态下都可以出现，主要受刚度参数影响。受拉失稳一般表现为由均匀变形模式转变为局部化的变形模式，最终变形集中于某一局部而发展成破裂，如圆棒或板料试件的拉伸断裂，板料成形中的破裂。受拉失稳发生在塑性变形阶段，主要受强度参数的影响，受拉失稳受几何软化(即由于截面积减小而导致局部抗力减小)的影响很大。在复杂的成形过程中，这两种失稳可能同时出现。

3. 起皱和折叠的预测

板材冲压成形过程十分复杂，成形中工件的起皱有一个产生和发展的过程。有的皱纹可以在加工中压平消失，回弹过程中也可能出现皱纹。另外，如果皱纹只发生在要切除的部分，则对零件没有影响。因此，对于板材成形过程的起皱分析，通常是采用有限元模拟等数值方法来追踪起皱的整个发展过程。由于起皱部位的形状要由变形后的节点坐标插值所构造的曲面来表示，因此应在起皱发生的部位采用密网格，以便准确地反映皱纹的形状。最好采用自适应网格重分技术，根据皱纹大小调整局部网格的疏密。另外，利用特征值分析可以更精确地预测起皱，而根据面内两个主应变的值也可以大致预测起皱。

与板材成形中的起皱一样，体积成形中的折叠也是通过工件变形后的形状表现出来的。因此，也应采用自适应网格重分技术，追踪折叠的形成过程。

4. 破裂分析

(1) 破裂的理论分析方法

① 损伤理论。采用损伤力学方法，分析变形中空洞的萌生、长大和连接，最后导致宏观断裂的过程。这种研究应该与微观分析相结合。

② 塑性变形局部化理论。无论何种材料(单晶体、多单体或非晶体材料)，其延性都受到应变局部化(应变集中)的限制，这说明采用连续介质力学方法研究变形局部化问题是适宜的。当然，材料的微观组织的不均匀性及结构本身的初始缺陷等，对触发变形的局部

化有重要的影响。即变形局部化迟早是要发生的，但何时发生则受材料和结构的不均匀性影响。

变形局部化有两种主要的形式：缩颈和剪切带。其中剪切带的产生是一种典型的分岔现象。在高速的塑性变形过程中，由于塑性变形功转化成的热量来不及扩散，会造成绝热剪切带。

（2）金属可成形性的经验准则

① 塑性功准则，即

$$\int_0^{\bar{\varepsilon}_f} \bar{\sigma}\, \mathrm{d}\bar{\varepsilon} = A \tag{3-1}$$

式中，A 为由材料和加工方式确定的常数，表示材料的成形极限。

② 临界拉伸塑性功准则（Latham 准则），即

$$\int_0^{\bar{\varepsilon}_f} \sigma_\Gamma\, \mathrm{d}\bar{\varepsilon} = B \tag{3-2}$$

式中，σ_Γ 为最大拉应力；B 为与材料和加工方式有关的常数。

在式（3-2）中计入静水应力的影响，得到一个修正的准则

$$\int_0^{\bar{\varepsilon}_f} \frac{\sigma_\Gamma\, \mathrm{d}\bar{\varepsilon}}{3(\sigma_\Gamma - \sigma_\infty)} = C \tag{3-3}$$

以上两种准则中，式（3-1）与试验吻合较好。

③ Osakada 等提出的半经验准则，即

$$\int_0^{\bar{\varepsilon}_f} \langle \bar{\varepsilon} + ap - b \rangle\, \mathrm{d}\bar{\varepsilon} = C \tag{3-4}$$

式中，a、b、C 均为由实验确定的常数；p 为静水应力。

$$\langle x \rangle = \begin{cases} x, & x>0 \\ 0, & x\leqslant 0 \end{cases}$$

式（3-4）是通过大量实验总结出来的。

经验公式和基于空洞发展的理论公式都表明了静水应力对于延性断裂的重要影响。这些准则都不是应力准则而是能量准则，这说明延性断裂有一个发展过程。

以上公式可以写为一个通式：

$$\int_0^{\bar{\varepsilon}_f} f(\sigma, \mathrm{d}\bar{\varepsilon}_p) = C$$

（3）板材的可成形性

在板材成形中，可成形性一般是由其变形的稳定性决定的，即出现变形局部化或起皱标志着产生缺陷。对于成形极限曲线，理论上也提出了一些根据材料参数进行预测的方法。由于本书主要讨论 DEFORM 在塑性成形中的应用，板料成形的分析不是强项，如利用自身划分网格都存在问题，所以相关理论略过。

（4）体积成形中的可成形性

① 体积成形中破裂的分类。体积成形中的破裂可分为：自由表面破裂，发生于镦粗及有关加工（如弯曲）；由工件-模具接触表面开始发生的破裂；工件内部的破裂。

② 表面开裂的经验准则。Kudo 等利用镦粗实验得出了出现表面破裂的直线条件，即

$$\varepsilon_{\theta f} = a - \frac{1}{2}\varepsilon_{hf} \tag{3-5}$$

式中，$\varepsilon_{\theta f}$ 和 ε_{hf} 分别为出现破裂时的环向和轴向应变；a 为平面应变时的破裂应变。

（5）破裂预测

采用有限元法预测破裂时，大致有以下两种做法。

① 在应变集中处局部细分网格。当变形集中于某种单元而使其急剧变形甚至导致计算发散时，即认为该处发生破裂。若配合采用空单元技术，可追踪破裂的发展过程。

② 采用有关经验的和理论的破裂准则（如损伤破裂准则、成形极限曲线、表面破裂的直线准则等）。即使不细分单元，也可将有限元模拟所得各离散点处的应力、应变值代入这些准则来预测破裂。

5. 回弹分析

（1）预测方法

成形加载过程模拟结束以后，可得到工件变形后的形状，应力、应变分布和表面力分布。此后，在约束工件的刚体运动自由度的情况下（如约束一个节点的全部位移自由度和另外两个节点的部分位移自由度）进行卸载，将节点外力减小到零。由于内、外力应平衡，因此应力分布也将随之变化。最后得到残余应力分布和卸载后工件的最终形状。如果回弹中出现反向屈服，则需分步卸载，且最好采用随动强化本构方程以考虑包辛格效应。

回弹分析应采用隐式算法，避免采用动力显式积分算法，因为动力显式计算中的最终稳定静止状态是由系统最低频率的振动周期所决定的。由于动力显式积分算法中对时间步长 Δt 的限制，会使回弹分析所需计算步数大大超过成形分析所需计算步数，而回弹过程基本上是线性的，用隐式算法不难分析。

（2）预测精度

准确描述应力沿工件厚向的分布对于准确地计算弯矩，从而准确地预测回弹有很大影响，适当增加沿厚向的积分点数（如取七个点）有利于提高回弹预测的精度。

迄今为止，回弹分析的结果还不能令人满意，这可能与校正弯曲所带来的复杂性有关，这方面还有待于探索。

3.2　金属断裂行为数值模拟及断裂准则

1. 金属断裂行为数值模拟

在金属成形和加工工艺中，不可避免地会出现材料的断裂现象。例如，拉深工艺中的破裂、挤压工艺中的十字和人字裂纹、锻造工艺中的开裂等。断裂是成形过程中需要避免的主要缺陷之一，设计时必须避免出现断裂现象。而对于冲裁、切料的材料分离，切削工艺的切屑，断裂往往是不可避免的。所以，合理地预测加工工艺中裂纹的产生及准确分析有断裂现象产品的最终形貌，对现代研究和设计起着举足轻重的作用。

随着数字化模拟仿真在制造业的广泛应用，材料模型的应用显得至关重要。对于合理利用材料的断裂行为，减少金属成形工艺不必要的断裂危险，有限元仿真可以提供强有力的保证。准确地对材料的断裂行为进行模拟仿真，除了能够准确处理材料的非线性、几何的非线性及边界条件的非线性等问题以外，模拟过程材料断裂的判定和材料断裂后网格的调整和重划分显得尤为重要。网格的删除和重划分技术主要是软件开发商研究的对象，对于一般科技研究人员，断裂准则的准确获得是金属断裂行为数值模拟仿真的最关键因素。

在塑性成形工艺中（像挤压和锻造等），裂纹是其主要缺陷之一。图 3.1 所示为挤压工艺有限元分析成功预测的人字形裂纹，这是工艺摩擦力太大，材料内部受轴向拉应力作用的结果。

金属的切削工艺是利用金属断裂获得最终产品的过程。材料的韧性，刀具进给和速度等都直接影响切削的质量。图 3.2 所示为金属切削工艺的有限元数值仿真。

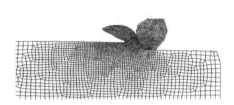

【挤压产生裂纹】

【金属切削】

图 3.1　挤压工艺有限元分析
成功预测的人字形裂纹

图 3.2　金属切削工艺的有限元数值仿真

冲裁是涉及材料弹延性变形和断裂的剪切工艺，其不仅使金属产生塑性变形，而且使金属产生断裂分离。工艺参数（如间隙、模具圆角）不同，压边圈位置和形状会获得不同的断面质量和裂纹扩展方式。这些研究对冲裁尤其是精密冲裁具有重要的理论意义和市场价值。图 3.3 所示为切断工艺材料的模拟仿真。图 3.4 所示为精密冲裁材料断裂后的产品模拟仿真。

【断裂】

图 3.3　切断工艺材料的模拟仿真

图 3.4　精密冲裁材料断裂后的产品模拟仿真

2. 断裂准则的测定

断裂准则值直接影响到数值模拟仿真的裂纹产生时间和金属断裂后材料的特征（如冲裁产品的断面质量），所以获得准确的断裂准则值对材料断裂行为的数值模拟仿真至关重要。

断裂准则测定的试验原理如图 3.5 所示。研究显示，在冲裁工序中，裂纹的产生和材料的断裂会影响工艺的压力-冲压深度曲线。如图 3.6 所示，在整个曲线中，1 区为弹性变形阶段，2 区为弹塑性变形阶段，3 区为损伤开始出现的弹塑性阶段，4 区为裂纹产生到整个冲裁工艺完成阶段。其中，3 区和 4 区的结合部为裂纹开始产生的地方。利用参考断裂准则值对一定材料进行模拟仿真，将有限元分析裂纹出现的冲压深度和试验获得曲线上裂纹开始出现的冲压深度相比较，可以判断出断裂准则是否正确。

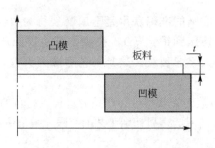

图 3.5　断裂准则测定的试验原理

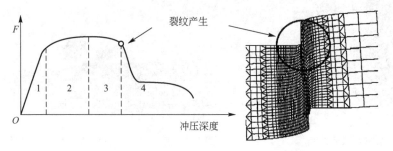

图 3.6　冲裁试验和模拟分析裂纹产生比较

设 U_e 为试验裂纹产生时的冲压深度，U_s 为模拟仿真获得裂纹产生时的冲压深度。其相对误差为 $\Delta = \dfrac{U_e - U_s}{U_e}$，当 $\Delta \leqslant \varepsilon$ 时，即认为符合有限元参数要求，其中 ε 为用户自定的极小值。图 3.7 所示为整个断裂准则获得的流程。

法国学者 Ribaha Hambli 利用获得的断裂准则对不同间隙冲裁工艺零件的塌角深度、光亮带、剪裂带和毛刺深度进行有限元分析和试验研究进行对比，情况非常符合。图 3.8 所示为不同间隙冲裁工艺中，光亮带高度与相对间隙的关系。

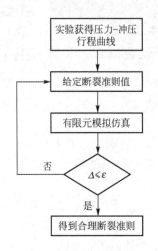

图 3.7　整个断裂准则
获得的流程

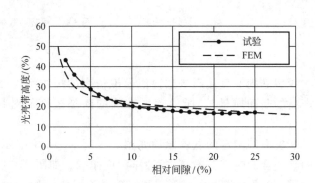

图 3.8　不同间隙冲裁工艺中，光亮带高度
与相对间隙的关系

利用有限元技术对金属断裂行为的预测进行模拟仿真，关键在于分析过程断裂准则的准确性。通过冲裁试验和有限元模拟结果获得合理的断裂准则，可以较好地预测

塑性成形中的宏观断裂和裂纹，实现对断裂的判断和描述。实践表明，合理利用有限元模拟仿真技术对金属断裂行为进行分析，可以准确预测金属成形缺陷，优化工艺路线和工艺参数。

3.3 DEFORM - 3D 的缺陷预测

获得有限元结果并进行分析是仿真的最终目的，结果是否准确主要取决于前处理的设置，而具体的缺陷判断是从后处理结果获得的。从后处理中能够获得坯料的变形情况和各种力学状况，因此可以判断各种缺陷的产生。

（1）充不满现象。如图 3.9 所示为分析后的网格可以直接反映充不满的现象。

（2）折叠。如图 3.10 所示，直接反映了网格在成形过程就已经发生了折叠现象。

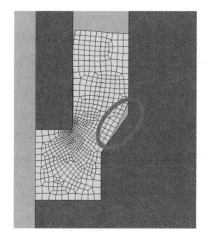

图 3.9 充不满

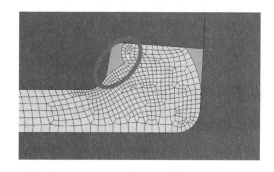

图 3.10 折叠

（3）排气问题引起的缺陷。如图 3.11 所示，从有限元的结果来看，将来这些地方能够充满，从后处理看不出缺陷，但从成形过程中可以看到，空隙处会集结空气，没办法排除。实践证明，这些地方确实不能充满，甚至可能引起模拟开裂。

（4）裂纹。DEFORM - 3D 引进了损伤概念和断裂模型，可以直接预测材料的裂纹和断裂。图 3.12 所示为人字形裂纹。

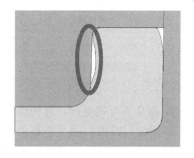

图 3.11 排气问题引起的缺陷

图 3.12 人字形裂纹

3.4　提高塑性成形数值仿真的精度

有限元的核心思想是结构的离散化，就是将实际结构假想地离散为有限数目的规则单元组合体，实际结构的物理性能可以通过对离散体进行分析，得出满足工程精度的近似结果来替代对实际结构的分析，这样可以解决很多实际工程需要解决而理论分析又无法解决的复杂问题。

运用有限元法数值模拟对锻压成形进行分析，在尽可能少或无须物理试验的情况下，得到成形中的金属流动规律、应力场、应变场等信息，并据此设计成形工艺和模具，成为提高金属成形效率和生产率的行之有效的手段。有效地利用有限元技术模拟塑性成形可得到准确的和工程实际相符合的结果。

1. 塑性有限元中的非线性

由于锻造成形大多属于三维非稳态塑性成形过程。成形过程既存在材料非线性和几何非线性，同时还存在边界条件非线性，摩擦边界和接触边界也难以描述，变形机制十分复杂，塑性有限元与线弹性有限元相比也就复杂得多。

（1）材料的非线性

① 塑性变形区中的应力与应变关系为非线性的。图 3.13 所示为刚塑性材料模型的应力-应变曲线。为了便于求解非线性问题，必须用适当的方法将问题进行线性化处理。一般采用增量法（或称逐步加载法），即将物体屈服后所需加的载荷分成若干步施加，在每个加载步的每个迭代计算步中，把问题看作线性的。

② 塑性问题的应力与应变关系不一定是一一对应的。塑性变形的大小，不仅取决于当时的应力状态，而且取决于加载历史。而卸载与加载的路线不同，应变关系也不一样。图 3.14 所示为弹塑性材料模型的加载和卸载过程应力-应变曲线。因此，计算每一加载步时，一般都应检查塑性区内各单元是处于加载状态，还是处于卸载状态。

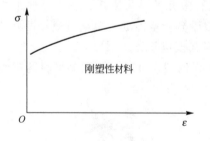

图 3.13　刚塑性材料模型
的应力-应变曲线

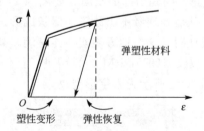

图 3.14　弹塑性材料模型的加载和卸载
过程应力-应变曲线

（2）摩擦边界条件

在锻造成形过程中，锻件与模具型腔之间的接触摩擦是不可避免的，且两接触体的接触面积、压力分布与摩擦状态随加载时间的变化而变化，即接触与摩擦问题是边界条件高度非线性的复杂问题。摩擦问题有限元模拟的理论有经典干摩擦定律、以切向相对滑移为函数的摩擦理论和类似于弹塑性理论形式的摩擦理论。图 3.15 所示为某闭式锻造的有限元模型。

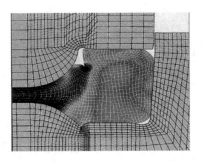

图 3.15　某闭式锻造的有限元模型

（3）动态接触边界的处理

金属塑性成形过程为非稳态的大变形成形过程。在有限元模拟过程中，变形体的形状不断变化，变形体与模具的接触状态也不断变化，形成了工件与模具间的动态接触表面。因此，在有限元模拟中每一加载步收敛后，对这些节点的边界条件均需进行相应的修改，即进行动态边界条件处理。

2. 提高塑性成形数值仿真精度的途径

（1）材料的准确描述

准确描述变形材料是整个有限元数值模拟仿真的基础。例如，一般金属材料的性能包括弹性（Elastic）性能、塑性（Plastic）性能、热传导（Thermal）性能、扩散（Diffusion）性能、再结晶（Recrystallization）性能和加工硬化（Work hardening）性能等；常用的材料分为刚性（Rigid）材料、弹性（Elastic）材料、弹塑性（Elastic－plastic）材料、多孔（Porous）材料和塑性（Plastic）材料。从材料的塑性性能考虑，其流动应力规则常用的表达方式主要如下。

① 幂指数规则（Power Law），即

$$\bar{\sigma} = c\,\bar{\varepsilon}^{n}\,\dot{\bar{\varepsilon}}^{m} + y$$

② 表格形式，即

$$\bar{\sigma} = \bar{\sigma}(\bar{\varepsilon},\ \dot{\bar{\varepsilon}},\ T)$$

式中，$\bar{\sigma}$ 为流动应力；c 为材料常数；$\bar{\varepsilon}$ 为等效应变；$\dot{\bar{\varepsilon}}$ 为等效应变率；n 为应变指数；m 为应变率指数；y 为起始屈服值；T 为温度。

需要注意：铝合金和线性硬化材料的塑性流动有另外专门的材料模型。

（2）网格的划分和边界条件的设定

① 网格的划分。对于所有的有限元数值计算分析，都是离散的网格通过节点进行力和能量的传递，因此网格的划分是基础。网格划分的最基本的条件：材料和模具划分网格以后，应该可以充分体现原来的特征。图 3.16 和图 3.17 所示分别为同一材料利用不同参数划分的网格进行成形计算。明显可以看出，图 3.17 所示的有限元分析结果更可靠。图 3.18 和图 3.19 所示为不同热传导后的温度分布。明显可以看出，图 3.19 所示工艺各节点温度显得更详细也更精确。

从这个意义上来说，为了提高模拟的质量，网格划分越细越好，但这种模拟质量的提高是以大幅度降低计算机模拟的运算速度为代价的。一般用户都是针对具体工艺对网格质量进行控制，对产品变形较大的部位进行细化。图 3.20 所示为精密冲裁分析时的网格划分。由图可见，在材料和模具刃口处材料变形最严重，进行了高密度网格划分。

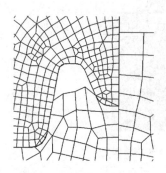

图 3.16　不良网格划分

图 3.17　精确网格划分

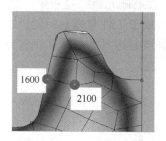

图 3.18　不良温度传导分析

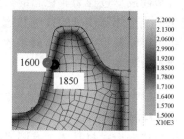

图 3.19　精确温度传导分析

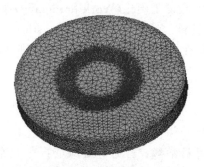

图 3.20　精密冲裁分析时的网格划分

　　② 边界条件的设定。摩擦类型和摩擦因数要和实际情况相符合，图 3.21 和图 3.22 所示为同一种材料在不同摩擦条件下的成形工艺数值分析的等效应变。其中当摩擦因数为0.1 时，应变为 0.17～1.41，如图 3.21 所示。摩擦因数为 0.7 时，应变为 0.0001～1.74，有些地方基本不变形，而且圆环内部形成双鼓现象，如图 3.22 所示。

　　（3）模拟过程网格调整和重划分

　　在塑性成形模拟中，经常遇到塑性变形区内材料发生较大应变，有限元网格会产生严重畸变，致使模拟结果失真或模拟过程终止。另外，工件和模具接触表面的相对速度有时很大，有时会发生相互嵌入的不正常现象，如图 3.23 所示。为了解决上述问题，计算过程需要暂时停止，进行网格重划分，如图 3.24 所示，在这种情况下，不可避免会出现体积的损失，如图 3.25 所示。

【不同摩擦
因数的镦环】

图 3.21　摩擦因数为 0.1 的镦环结果　　　图 3.22　摩擦因数为 0.7 的镦环结果

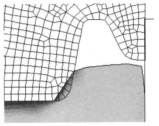

图 3.23　网格的嵌入　　　　　　　　图 3.24　网格重划分

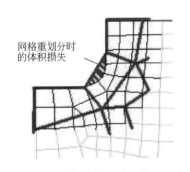

网格重划分时
的体积损失

图 3.25　网格重划分时的体积损失

综合习题

（1）与通用软件模拟仿真相比，塑性有限元法具有什么不一样的特征？

（2）塑性成形中的缺陷都包括哪些？

（3）常见的断裂准则包括哪些？

（4）如何提高塑性 CAE 软件的分析准确度？

（5）如何改进成形工艺和消除缺陷？

第二篇

基本成形

第 4 章
锻压模拟基本过程

本章学习目标

★ 了解 DEFORM - 3D 锻压分析的基本过程；

★ 掌握 DEFORM - 3D 分析建立模型的基本步骤；

★ 掌握 DEFORM - 3D 后处理的基本过程。

本章教学要点

知识要点	能力要求	相关知识
DEFORM - 3D 锻压分析过程	了解 DEFORM - 3D 锻压分析的基本过程	前处理，求解及后处理过程
DEFORM - 3D 分析建立模型的基本步骤	掌握 DEFORM - 3D 分析建立模型的各个基本步骤的基本操作，并掌握其含义	问题的建立，物体的设置，模拟的设置及步骤
DEFORM - 3D 分析后处理	了解 DEFORM - 3D 分析后处理模块的基本功能和操作	过程显示，变量的显示和曲线的获得

导入案例

　　锻压是锻造和冲压的合称，是利用锻压机械的锤头、砧块、冲头或通过模具对坯料施加压力，使之产生塑性变形，从而获得所需形状和尺寸的制件的成形加工方法。锻压产品从工业产品到家用电器，覆盖面很广，包括螺钉、齿轮等，如图4.0所示。

【拔长成形】

图4.0　锻压产品

　　锻件的锻压成形过程是一个非常复杂的弹塑性大变形过程，既有材料非线性，又有几何非线性，再加上复杂的边界接触条件的非线性，这些因素使锻件的变形机理非常复杂，很难用准确的数学关系式来进行描述，从而导致生产过程中对产品质量控制的难度增大。采用 DEFORM-3D 对大变形生产工序进行模拟分析和控制，能有效对锻件生产进行指导。

　　本章主要通过一个基本的锻压模拟案例，使读者了解 DEFORM 塑性成形模拟的基本过程。

4.1　问题分析

　　图4.1所示的锻压基本成形，是一个基本的镦粗成形工序。

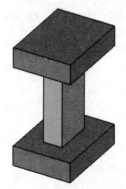

图4.1　锻压基本成形

工艺参数：

几何体和工具采用整体分析

单位：英制(English)

工件材料(Material)：AISI-1035

温度(Temperature)：常温(68℉/20℃)

上模速度：1in/s

模具行程：2.6in

【STL 文件下载-第4章】

4.2　建立模型的基本步骤

建立模型主要在前处理模块进行。前处理是有限元分析的主要步骤，它所占用的操作时间占到用户操作时间的80%，有很多定义都是在前处理阶段进行的。为了方便大家在学习过程中的记忆，下面将 DEFORM-3D 分析过程分为四个主要部分：建立问题、前处理、模拟、后处理。

建立问题主要是创建一个需要分析问题的名称、类型及存放位置。

前处理主要包括两个部分：物体的设置和模拟的设置。按照这种步骤，整个分析步骤变得简单，便于记忆，且可以避免遗漏和浪费时间。

4.2.1　物体的设置

一般的锻压模拟过程主要包括三个物体：坯料(Workpiece)、上模(Top Die)和下模(Bottom Die)。每个物体的设置都包括以下过程。

(1) 基本设置：主要针对物体的基本性质、温度、材料等进行设置。

(2) 几何输入：DEFORM-3D 不能直接建立三维的几何模型，必须通过其他 CAD/CAE 软件建立模型后导入系统。目前，DEFORM-3D 的几何模型接口格式有如下几种。

① STL：几乎所有 CAD 软件都有这个接口，它是通过一系列的三角形拟合曲面而成的。

② UNV：美国 SDRC 公司(现合并到 EDS 公司)软件 IDEAS 的三维实体造型及有限元网格文件格式，DEFORM-3D 接受其划分的网格。

③ PDA：美国 MSC 公司的软件 Patran 的三维实体造型及有限元网格文件格式。

④ AMG：使用 DEFORM-3D 存储已经导入的几何实体模型的文件格式。

(3) 网格划分：DEFORM-3D 自身带的网格剖分程序，只能划分四面体单元，这主要是为了考虑网格重划分时的方便和快捷。DEFORM-3D 也接受外部程序生成的六面体(砖块)网格。网格划分可以控制网格的密度，使网格数量进一步减少，又不至于在变形剧烈的部位产生严重的网格畸变。

(4) 运动设置：工具的运动方式主要有直线运动和旋转。另外，DEFORM-3D 集成有成形设备模型，如液压压力机、锤锻机、螺旋压力机、机械压力机等。

(5) 边界条件：主要设置对称边界、热传导面及其他边界条件。

(6) 性能设置：主要用来设置体积补偿、材料硬化、断裂等性能。

(7) 高级设置。(略)

物体设置的流程如图 4.2 所示。

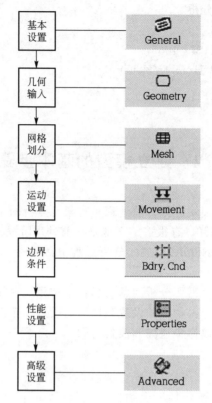

图 4.2　物体设置的流程

◇ 提示：不是每个物体的每项都要设置。例如一般情况下，只有上模才需要设置运动。

4.2.2　模拟设置

模拟设置主要是设置模拟的参数，定义材料，对物体进行位置调整、接触关系定义等，主要包括以下几方面。

1. 模拟控制

这里定义的参数，主要是为了进行有效的数值模拟。因为成形分析是一个连续的过程，分许多时间步来计算，所以需要用户定义一些基本的参数，具体如下。

（1）总步数：决定了模拟的总时间和行程。

（2）步长：有两种选择，可以用时间或每步的行程。

（3）主动模具：选择物体的编号。

（4）存储步长：决定每多少步存一次，不能太密，否则文件太大。

2. 材料定义

在 DEFORM-3D 中，用户可以根据分析的需要输入材料的弹性、塑性、热物理性能数据，如果需要分析热处理工艺，还可以输入材料的每一种相的相关数据及硬化、扩散等数据。

为了更方便用户模拟塑性成形工艺，DEFORM-3D 提供了一百余种材料(包括碳钢、合金钢、铝合金、钛合金、铜合金等)的塑性性能数据，以及多种材料模型。每一种材料的数据都可以与温度等变量相关。

3. 位置关系

位置关系有两层含义。一是可以移动和旋转物体，改变它们的最初位置。因为在 DEFORM-3D 的前处理中不能造型，所以这一项功能特别重要，可以将输入 DEFORM-3D 中的毛坯、模具几何模型进行调整。二是为了更快地将模具和坯料接触，使它们发生干涉，有一个初步的接触量，这样计算时可以节省时间。

4. 关系定义

关系定义主要定义摩擦接触的关系、摩擦因数、摩擦方式等。

5. 检查生成

这里主要让软件检查用户设置的前处理有没有原则性错误，能不能生成计算所需的 DB 文件。

模拟设置的流程如图 4.3 所示。

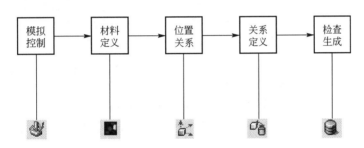

图 4.3　模拟设置的流程

◇ 提示：不是每个物体的每项都需要设置，也不是每个模拟设置都需要设置。

◇ 提示：有时为了设置的方便，并不是完全按照以上顺序。

下面通过一个实例来了解 DEFORM-3D 分析前处理操作的基本过程。

4.3　建　立　模　型

4.3.1　创建一个新的问题

(1) DEFORM-3D 的打开：选择开始菜单 ![开始] →程序→DEFORM V10-2→ DEFORM-3D，进入 DEFORM-3D 的主窗口，如图 4.4 所示。

◇ 提示：必要的时候需要单击 ![Agree] 按钮。

此窗口左边为目录窗口，中间为信息显示窗口，窗口右边分别为前处理(Pre Processor)、工具(Tool)、模拟(Simulator)和后处理(Post Processor)的入口。前处理包括一般前处理(DEFORM-3D Pre)、切削加工(Machining)、成形分析(Forming)、模具应力分析（Die Stress Analysis）、开坯（Cogging）、型轧（Shape Rolling）、环轧（Ring Rolling）和热处理（Heat Treatment）。其中，一般前处理功能最为强大，是最一般的前处理模块，可以代替其他模块。其他前处理只是针对某一专业研究范畴进行的打包式操作，就是让用户跟着软件进行流程式操作，便于操作的同时，解决问题的范围受限，交互性不强。本书主要讲授一般前处理进行各类加工工艺的分析。模拟模块主要用来对模拟过程进行启动、控制和停止。通过后处理入口可以进入后处理模块进行模拟结果的评价。

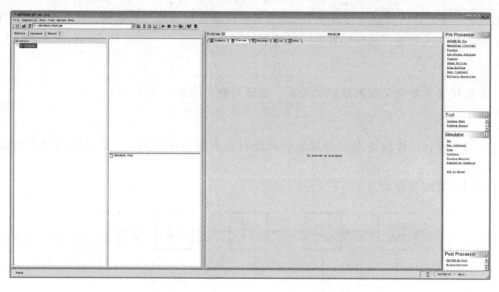

图 4.4　DEFORM-3D 的主窗口

（2）选择 File→New Problem 命令或在主窗口左上角单击 ▤ 按钮，弹出图 4.5 所示的界面。

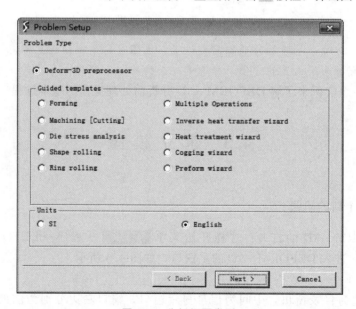

图 4.5　分析问题类型

（3）在弹出的界面默认进入普通前处理（DEFORM‐3D preprocessor），单击 `Next >` 按钮，弹出图 4.6 所示界面。

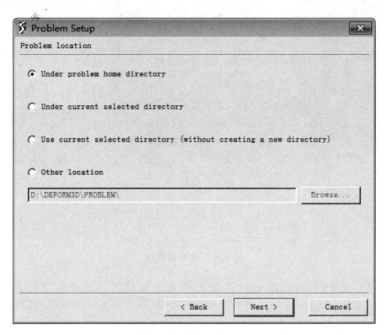

图 4.6　问题位置

（4）在弹出的界面使用默认选项（第 1 个选项），然后单击 `Next >` 按钮。

（5）在下一个界面中输入问题名称（Problem Name）block，如图 4.7 所示，单击 `Finish` 按钮，就进入前处理模块，如图 4.8 所示。

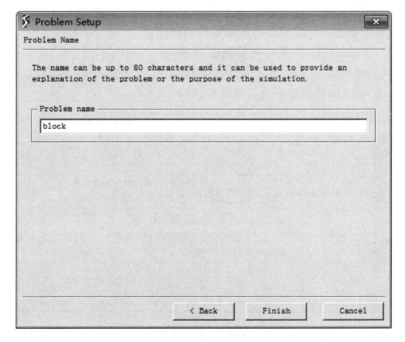

图 4.7　问题名称

DEFORM-3D塑性成形CAE应用教程（第2版）

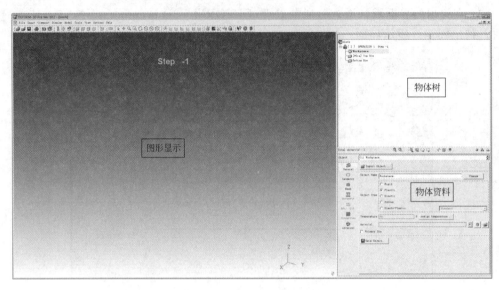

图 4.8　前处理模块

除了一般 Windows 程序的标题栏、菜单栏和工具栏之外，前处理操作窗口还有图形显示区、物体树区及物体资料区。

图形显示区：用于展示几何图形和网格及工艺分析状况。

物体树区：用于显示分析工艺所包含的坯料和模具名称。

物体资料区：用于设置物体的对应属性，包括基本信息、几何体输入、网格划分、材料分配，以及边界条件的分配等。

4.3.2　设置模拟控制

（1）单击 按钮进入模拟控制参数设置对话框。

（2）在 Simulation Title 一栏中把标题改为 block。

（3）设置 Units 为 English，Mode 只选中 Deformation 复选框，如图 4.9 所示。

（4）单击 OK 按钮，返回前处理操作窗口。

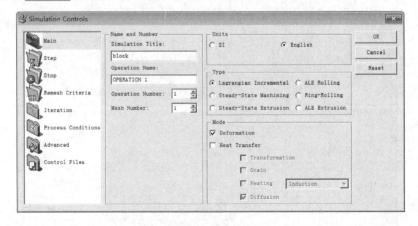

图 4.9　模拟控制

40

4.3.3 设置坯料基本属性

对于那些非刚性材料和考虑传热影响的刚体材料，必须按需要设置材料的属性。

（1）单击 General 按钮，物体名称默认 Workpiece 不变，物体类型（Object Type）采用默认的塑性体。

（2）温度默认为常温 68℉（华氏度）不改变。

（3）在前处理控制窗口中，单击 按钮，选择材料库中的 Steel→AISI‑1035，COLD[70‑400F(20‑200C)]，如图 4.10 所示，单击 Load 按钮。设置完成的基本属性界面如图 4.11 所示。

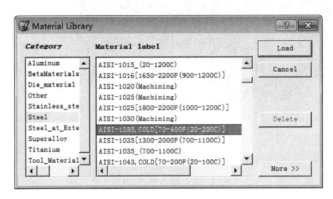

图 4.10　材料选取

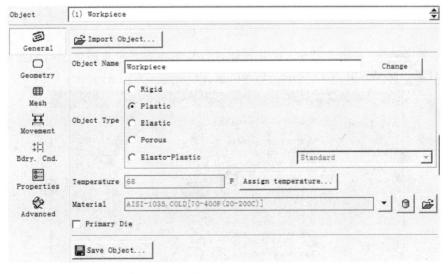

图 4.11　基本属性界面

4.3.4　导入毛坯几何文件

（1）在前处理的物体操作窗口中单击 Geometry 按钮，再单击 Import Geo... 按钮，在弹出的对话框中选择在 CAD 中或其他 CAE 软件中的造型文件。

本例中选择安装目录 V10.2\3D\LABS 下的 Block _ Billet. STL 文件导入。导入以后的界面图形如图 4.12 所示。

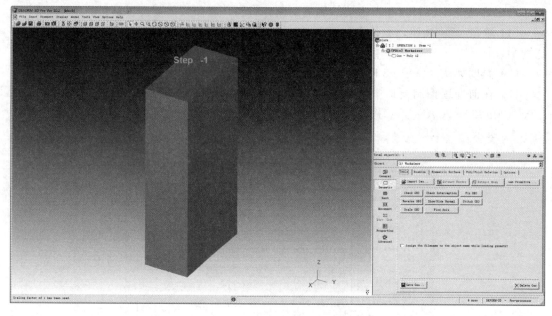

图 4.12　导入的几何体

◇ 提示：在 DEFORM - 3D 中，每一个物体已经取好相应的文件名，坯料为 Workpiece，模具分别为 Top Die 和 Bottom Die，并将坯料分配为塑性体（Plastic），模具分配为刚性体（Rigid）。这里默认第一个物体是坯料（Workpiece），所以物体属性默认为塑性体（Plastic）。

（2）单击 Check GEO 按钮，对导入的几何体进行几何检查，只有质量合格的图形才能划分网格并计算，结果如图 4.13 所示，几何质量合格。

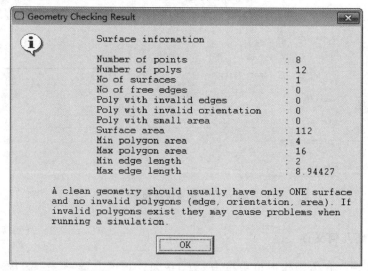

图 4.13　几何检查

◇ 提示：零件检查从第三项开始保证是 10000，表明物体面的数目为 1，面上的几种缺陷数目都为 0。

4.3.5 划分网格

对于那些非刚性材料和考虑传热影响的刚体材料，需要划分有限元网格。

（1）单击 [Mesh] 按钮进入网格划分窗口。

（2）可以在网格数量输入框输入单元数或用滑动条来设定。在本例中，默认为 8000。

（3）单击 [Preview] 按钮可以预览，单击 [Generate Mesh] 按钮，生成网格，如图 4.14 所示。

图 4.14　坯料网格

◇ 提示：在 DEFORM-3D 中只能划分四面体网格，如果想用六面体网格，可以单击 [Import Mesh...] 按钮，输入 IDEAS 或 PATRAN 的网格。

◇ 提示：网格的预览只是对物体质量合格的表面生成网格，如果要计算，必须对其进行网格的生成。

（4）视图观察操作。利用工具栏窗口的快捷按钮可以方便地进行各种视图观察及操作。下面仅举几个例子，用户可以将光标指针放置在每个按钮上，会自动出现提示。

① 动态缩放 🔍 。

② 窗口缩放 🔍 。

③ 移动 ✛ 。

④ 自由旋转 ↻ ，沿 X 轴旋转 ↻ ，沿 Y 轴旋转 ↻ ，沿 Z 轴旋转 ↻ 。

⑤ 视角选择：等轴视图 ⬦ ，XY 平面视图 ⬓ ，XZ 平面视图 ⬓ ，YZ 平面视图 ⬓ 。

（5）点和面的选取。常用工具如下。

① 点或面的选取工具。单击工具栏上的 ▶ 按钮，在显示窗口可以选择物体的任意节点或面。

② 标尺工具。单击工具栏上的 ▦ 按钮，单击物体上的任意一个节点，并按住鼠标左键不放，再选择另一个节点，然后松开鼠标左键。连接这两点的一条线段和该线段的长度值就会显示在窗口中，直到用户单击 Refresh 按钮刷新。

4.3.6　导入上模文件

（1）下面要导入上模的几何文件。在前处理控制窗口单击增加物体 🗔 按钮进入物体窗口，可以看到在 Objects 列表中增加了一个名为 Top Die 的物体。

（2）基本属性设置保持默认。

（3）在当前选择默认 Top Die 物体的情况下，直接单击 🗔 Geometry 按钮，然后单击 📁Import Geo... 按钮。

（4）在弹出的对话框中，选择安装目录 V10.2\3D\LABS 下的 Block _ Top Die. STL 文件，导入以后，软件界面如图 4.15 所示。

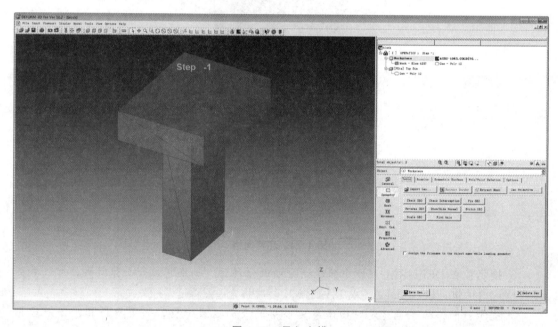

图 4.15　导入上模

4.3.7　设置上模运动参数

（1）首先在物体列表选中 Top Die 物体。在预处理的控制窗口单击 ⬌ Movement 按钮，进入物体运动参数设置窗口。

（2）在运动控制窗口中，设置参数 Direction 为 -Z，Speed 为 1，如图 4.16 所示。

◇ 提示：运动参数只设置在主动零件，对此分析工艺为锻造，主动零件为上模，因此运动设置在上模。

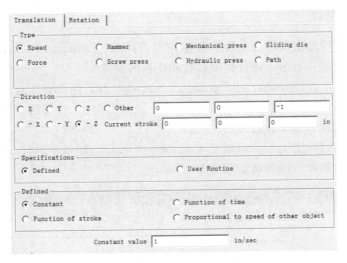

图 4.16　设置上模速度

4.3.8　导入下模文件

（1）导入下模的几何文件。在前处理控制窗口中单击 按钮进入物体窗口，可以看到在 Objects 列表中增加了一个名为 Bottom Die 的物体。

（2）基本属性设置保持默认。

（3）在当前选择默认 Bottom Die 物体的情况下，直接单击 按钮，然后单击 按钮。

（4）在弹出的对话框中，选择安装目录下 V10.2\3D\LABS 下的 Block _ Bottom-Die. STL 文件，导入以后，软件界面如图 4.17 所示。

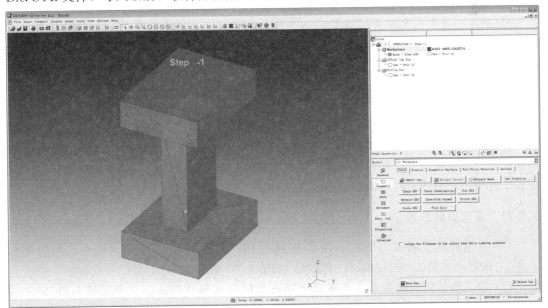

图 4.17　导入下模

4.3.9 设置模拟参数

（1）在前处理控制窗口的右上角单击 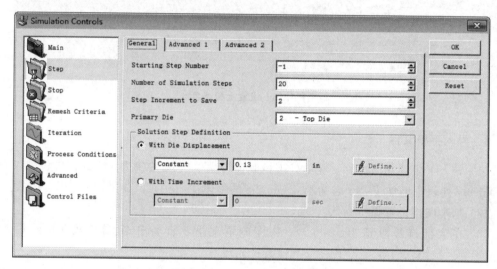按钮，弹出 Simulation Controls 对话框。

（2）单击左侧 按钮，进行模拟步数和步长的设定。

（3）设置模拟步数（Number of Simulation Steps）为20，除非模拟意外终止，否则程序将运行至20步。设置存储增量（Step Increment to Save）为2，即每两步保存一次，这是避免每步都保存，造成数据文件过大。

（4）设置 With Die Displacement 的 Constant 为 0.13，即每步进行 0.13in 的计算。

设定模拟步数和步长的界面如图4.18所示。

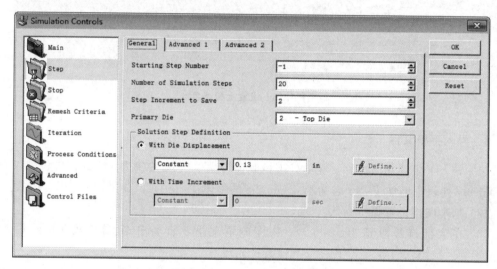

图4.18 设定模拟步数和步长

（5）单击 OK 按钮关闭该对话框。

◇ 提示：每步的长度是根据变形体单元长度的 1/3 左右来估算的，一般取值都在最小单元长度的 1/3～1/10，比较容易收敛而且又不会浪费时间。总运动距离为步数乘步长。

4.3.10 改动物体的空间位置

DEFORM-3D 虽然不可以直接进行几何造型，但是可以通过旋转（Rotation）、平移（Translation）修改物体的空间位置。单击 按钮，就可以在弹出的 Object Positioning 对话框中进行相关操作。这样，物体的位置在建模过程就比较准确，不涉及改变物体的空间位置，这里不再赘述，后面的例子中会详细解释。

4.3.11 定义接触关系

（1）在前处理控制窗口的右上角单击 按钮，弹出图4.19所示对话框，然后单击 Yes 按钮，弹出 Inter-Object 对话框，如图4.20所示。

（2）定义物体间从属关系：系统会自动将上模和坯料的物体定义为从属关系（Slave-Master）。

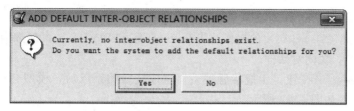

图 4.19　关系询问

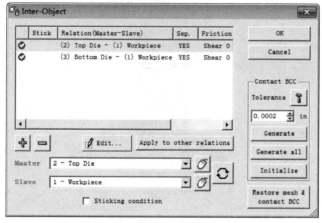

图 4.20　接触关系设置

（3）单击 Edit... 按钮，进入新的对话框。

（4）选择剪切摩擦方式 Shear，输入常摩擦因数 Constant。如果对具体的摩擦因数没有概念，可以选择工艺种类，如本例中的冷锻 Cold Forming 用的是 Steel Dies，摩擦因数系统会设为 0.12，如图 4.21 所示，单击 Close 按钮，关闭对话框。

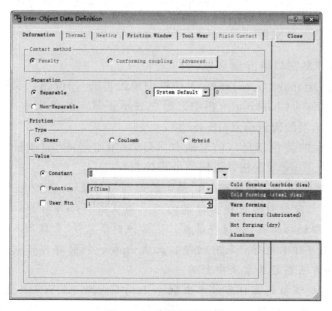

图 4.21　摩擦因数设置

（5）回到 Inter - Object 对话框后选择第 2 组。

（6）重复步骤（3）～（4）的操作，将 Bottom Die 和 Workpiece 的摩擦因数也设为 0.12，单击 Close 按钮，关闭对话框。

（7）单击 Generate all 按钮，生成接触关系。生成接触关系以后，模型会有所变化，显示节点的接触状态，如图 4.22 所示。

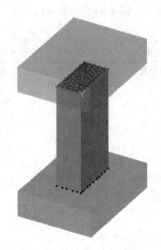

图 4.22　接触关系

◇ 提示：切记在单击 Generate all 按钮前，确定被定义的物体组之间并没有接触关系，只是定义了它们之间一旦接触后的摩擦因数。真正定义接触必须在这个操作后单击 Generate all 按钮。互相接触的物体，Mater 会自动与 Slave 发生干涉，互相嵌入，这是为了更快地进入接触状态，节省计算时间。互相嵌入的深度是由窗口中的 Tolerance 来定义的。

◇ 提示：接触关系中，一般软的物体设为 Slave，硬的物体设为 Master。

4.3.12　检查生成数据库文件

（1）在前处理控制窗口单击 🗄 按钮。

（2）在弹出的 Database Generation 对话框中单击 Check 按钮，软件会对所示信息进行检查。对话框的 Data Checking 一栏中，绿色表示正常，红色表示严重错误必须纠正，黄色表示可能导致错误的警告信息（图 4.23）。

（3）不理会提示的黄色信息（信息前有黄灯），单击 Generate 按钮，生成模拟所需的 DB 文件，然后单击 Close 按钮，返回前处理控制窗口。

（4）在前处理控制窗口单击 🔲 按钮，退出前处理控制窗口，进入主窗口。

◇ 说明：有限元分析引擎把模拟计算的结果写在数据库文件中，该文件需在前处理环节产生，此时一些模拟信息（如材料属性、运动控制参数等）会被写入该文件。

◇ 提示：出现黄灯不见得一定有问题，此案例第一个黄灯为体积补偿没有设，可以不管它，具体消除方法在后面案例中会讲。

◇ 提示：在前处理控制窗口可以单击 🔳 按钮对前处理 KEY 文件进行存储，生成 DB 文件以后也带有前处理文件信息。如果没有保存 KEY 文件也没有生成 DB 文件而退出前处理，前面所做工作不会保存。

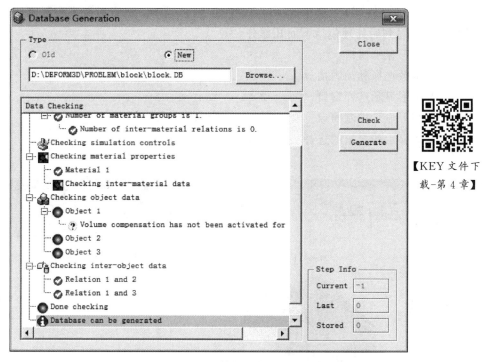

图 4.23　DB 检查生成

4.4　模拟和后处理

如图 4.24 所示，在 DEFORM‑3D 的主窗口，选择 Simulator 中的 Run 选项开始模拟。模拟过程中始终有一个 Running 提示。如果想知道模拟的进程，可以选择 Simulation 中的 Process Monitor 选项查看模拟进度。模拟结束，提示 NORMAL STOP：The assigned steps have been completed。

图 4.24　模拟及控制

在 DEFORM-3D 主窗口选择 **DEFORM-3D Post** 选项，进入后处理控制窗口，如图 4.25 所示，可以看到后处理包括下面几部分。

(1) 图形显示窗口。

(2) 步数选择和动画播放。

(3) 图形显示选择窗口。

(4) 图形显示控制窗口。

(5) 要显示的变量的选择。

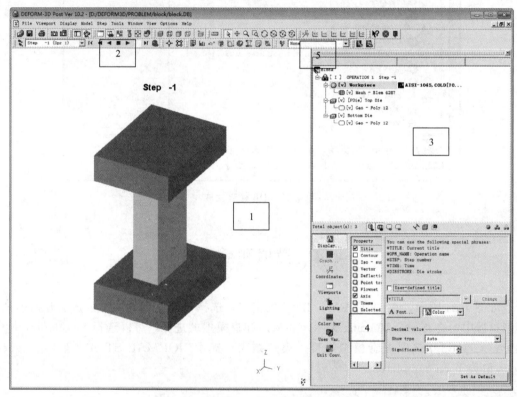

图 4.25　后处理控制

1. 变形过程显示

在后处理控制窗口，单击 ▶ 按钮，观察模具运动和工件的成形过程。如果觉得变形体不能清楚地显示，可以单击线框显示 按钮，如图 4.26 所示；如果不想要模具的线框，可以在物体列表中，右击模具名称，在弹出的快捷菜单中选择 Turn Off 命令，或者选中 Workpiece 选项，单击 按钮，让坯料单独显示。

2. 查看状态变量

在后处理控制窗口，单击 State Variables 的下拉列表框，可以选择常用的变量进行显示，如图 4.27 所示。如果需要更多的变量，则单击 按钮，选择界面如图 4.28 所示。

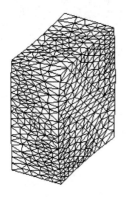

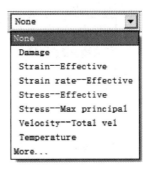

图 4.26　线框显示　　　　　　　　　图 4.27　变量选择

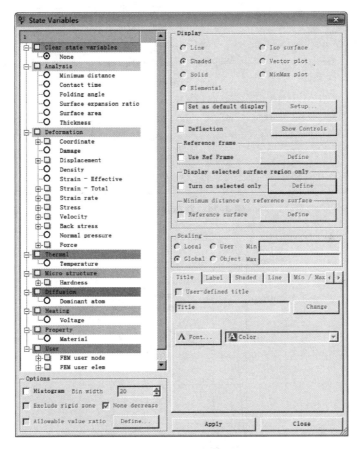

图 4.28　多变量选择

3. 查看载荷-行程曲线

　　塑性成形工艺的有限元模拟的一个重要作用是可以计算载荷随着行程的变化趋势和数值，DEFORM-3D 在这方面也不例外。DEFORM-3D 可以在后处理中单击 按钮，在弹出的 Graph(Lode-Stroke)对话框中，选择 Top Die 和 Z 方向，如图 4.29 所示。单击 OK 按钮，弹出一个新的对话框，显示载荷-行程曲线，如图 4.30 所示。

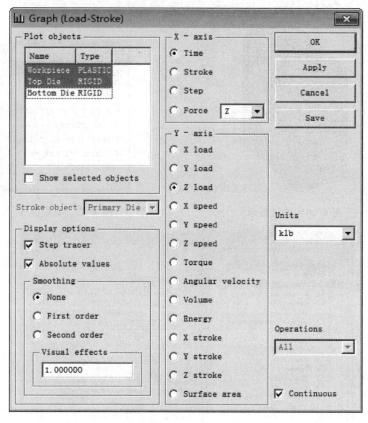

图 4.29　载荷-行程设置

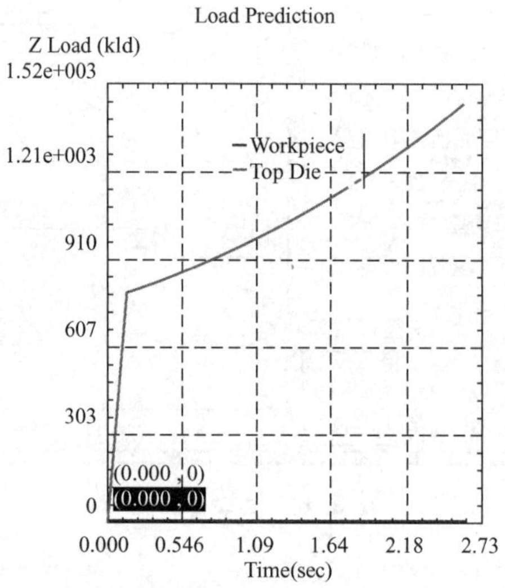

【锻压模拟
基本过程】

图 4.30　载荷-行程曲线

4. 退出 DEFORM-3D

（1）在后处理控制窗口，单击█按钮，退出后处理。

（2）在 DEFORM-3D 主窗口，单击█按钮，退出 DEFORM-3D。

应用案例4-1

DEFORM 在锻造中的应用

铜合金把手采用压力机锻造成形，始锻温度为550℃。锻造前将模具预热至200℃，可避免坯料和模具接触时温度发生突变，从而提高最终锻件质量。下面具体分析把手的模拟过程。

（1）几何模型的建立

几何模型是为了实现与进行数值模拟相关的变形体和刚体的几何造型。为了方便网格划分和避免产生奇异点，通常对模型进行适当的简化处理。现有数值计算软件的造型功能都很有限，所以，对复杂对象的几何建模多借助于一些专门的 CAD 软件，这里用的是 Pro/E。然后，通过另存为 STL 格式，实现模型和数值模拟软件间的数据转换。

（2）网格的划分与重划分

网格划分太大，则模拟精度降低；网格划分太小，模拟准确性上升，但是模拟时间增加，效率降低。所以选择一个合适的网格划分方式和网格划分大小至关重要。从图4.31中可以看出，该把手变形体网格划分的数目为8000个、最小边界尺寸为1.6529in。

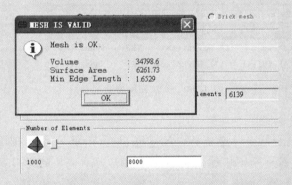

图 4.31 网格划分的具体数值

（3）材料模型的建立

由于研究的是铜合金的锻造模拟，按照正常生产环境的情形，变形体的材料选为 CuZn37。从图4.32中可以看出，此材料适用于600~800℃锻造，应变速率为0.3~10。锻造时，模具是刚性的，不参与变形和传热，所以模具不用划分网格。模具由三部分组成：上冲头、型腔、推杆，分布位置如图4.33所示。

（4）其他参数设置

在整个模拟过程中，设定总步数为100，每10步保存一次，当变形体的网格尺寸为最小边界长度的1/3时停止，即为1.27cm；上冲头下降的速度为20cm/s，下降高度为48cm；图4.34中的 Top Die 代表上冲头、muju 代表成形的型腔、tuigan 代表顶出变形体的推杆。从图4.34中可以看出，系统默认该变形体与模具有三个接触关系。因摩擦类型属于干热摩擦，故其摩擦因数为0.7，此数据是软件自带的。

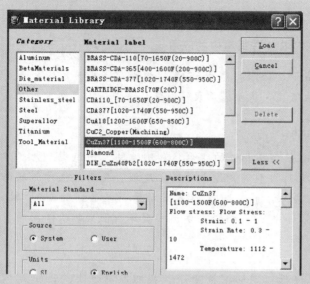

图4.32　变形体的材料性能

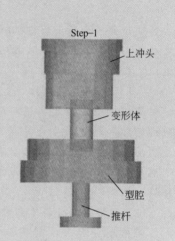

图4.33　分布位置

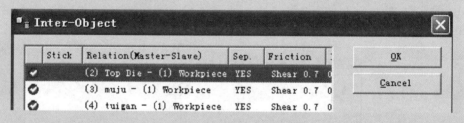

图4.34　接触关系及摩擦系数

（5）模拟锻造过程

锻造的实际生产过程是非常快的，但是用DEFORM可以提取任何时间段的变形状况。图4.35所示分别为开始时刻、第60步和最后时刻锻件的变形程度。随着上冲头的下降，铜棒在压力作用下逐渐成形，形成与模腔形状尺寸一样的锻件。

为了能更好地了解变形情况，在铜棒上选取三个不同的点——P1、P2、P3，如图4.36所示。利用DEFORM得出这三点在任一时刻的应力参数曲线如图4.37所示。从曲线中可以分析得出，整个铜棒在一开始的短暂变形中，三点的应力基本一致，随后出现波动；在变形后期，先是中间部位的应力比较集中，紧接着下部的应力较大。图4.37中的数值是在2.13s时，第80步对应的应力值，其中1Ksi=0.0069MPa，故P1处对应的应力值为0.13MPa，P2处对应的应力值为0.145MPa，P3处对应的应力值为0.19MPa。

（6）模拟后处理

经过提交数据，运行后得到最终锻件形状及其充型情况，如图4.38所示。在生产过程中下料的多少直接决定了最后锻件飞边的有无与多少。根据Pro/E设计的零件毛坯质量与模具型腔的尺寸，可以得出所需棒料的直径与长度。倘若下的料质量不足，将会出现充型不完全，得不到完整的零件；若下的料质量过大，零件的飞边就会很大，甚至由于过多的料不能在短时间内沿飞边处散开而将模具胀开，不能完全闭合，从而使得零件尺寸发生变化。因此有适当的飞边才能保证零件的质量。图 4.38 所示是第 100 步的锻件，其周围形状不规则的就是飞边。从大小来看，所选取的棒料是合适的。由此可见，运用DEFORM模拟不仅能检测模具设计的合理性，而且能得到合适的棒料尺寸，节约人力、物力和财力。

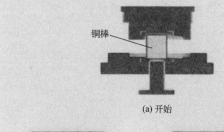

(a) 开始

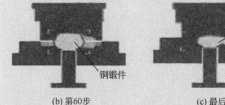

(b) 第60步　　　　　　　　(c) 最后

图 4.35　锻造过程

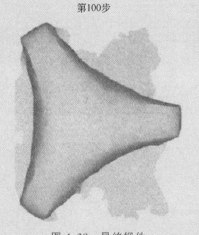

图 4.36　铜棒上所取三点的坐标

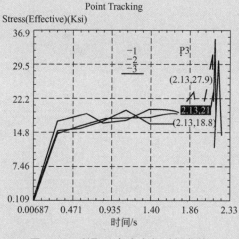

图 4.37　所取三点应力与时间曲线

第100步

图 4.38　最终锻件

资料来源：田甜，张诗昌. DEFORM 在锻造中的应用 [J]. 冶金设备，2009(5)，67 - 70

综合习题

（1）图标 用来定义物体的＿＿＿＿＿＿＿＿＿＿。

（2）图标 用来定义物体的＿＿＿＿＿＿＿＿＿＿。

（3）图标 █Mesh 用来定义物体的＿＿＿＿＿＿＿＿＿。

（4）图标 █Movement 用来定义物体的＿＿＿＿＿＿＿＿＿。

（5）图标 █ 用来定义分析＿＿＿＿＿＿＿＿，图标 █ 用来定义分析＿＿＿＿＿＿＿＿，图标 █ 用来定义分析＿＿＿＿＿＿＿＿。

（6）模拟设置包括几个工序？每个工序是什么？

（7）常见锻造工序包含几个物体？每个物体需要设置的内容都是哪些？

（8）材料的性能都包含哪些方面？

第5章
方形环镦粗分析

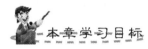
本章学习目标

★ 了解方形环镦粗仿真过程的设置，掌握对称成形分析的简化设置；
★ 掌握对称物体简化后对称边界条件的设置；
★ 掌握物体的定位和物体间的自动靠模；
★ 掌握物体间摩擦关系的定义。

本章教学要点

知识要点	能力要求	相关知识
对称零件的仿真简化	了解方形环镦粗仿真过程的设置及简化	简化的优缺点、对称面的设置及简化原理
对称设置	掌握塑性成形分析对称面的设置技术	对称面的添加、删除及编辑
物体的定位	掌握物体的移动技巧	物体的平移、旋转和自动靠模技术
物体的接触关系	掌握常见摩擦理论、数值的设置及摩擦关系的生成	库仑摩擦和剪切摩擦，不同成形工艺的摩擦力取值

导入案例

　　镦粗是指用压力使坯料高度减小而直径（或横向尺寸）增大的变形方法，是塑性成形加工中最基本的变形方式之一，如图5.0所示。镦粗中锻件内部的变形很不均匀，且在某些条件下心部存在拉应力，这对于大锻件心部缺陷的焊合极为不利。影响大锻件质量的因素很多（如砧型、坯料初始高径比、压下量、压机速度、锻件材料、热处理规范等），所以在实际生产中，就存在如何确定最优锻造工艺参数组合的问题。

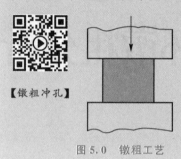

【镦粗冲孔】

图5.0　镦粗工艺

　　关于锻造工艺参数优化的研究起步于20世纪80年代末期，多采用试错法，即通过各种工艺条件进行测试、计算和比较分析，优选出比较合理的工艺方案，但计算和试验量大，而且不易得到最佳的工艺参数组合。国外的学者致力于将刚塑性有限元法与优化理论相结合，通过在优化计算中合理地进行有限元分析，得到最佳的工艺方案。优化中需计算应力、位移等参数，刚黏塑性有限元法被公认为分析锻造工艺过程的最佳方法。

　　本章主要通过一个方形环的镦粗过程，使读者掌握网格的详细划分、对称边界条件的设置，以及定位和自动靠模功能的使用。

5.1　分析问题

　　图5.1所示为零件坯料，图5.2所示为其简化模型，模具为平板。

【STL文件下载-第5章】

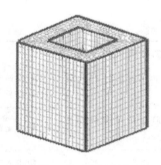

图5.1　零件坯料

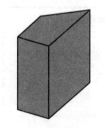

图5.2　简化模型

　　工艺参数（几何体和工具采用1/16来分析）如下。

单位：英制（English）

材料（Material）：AISI-1045

温度（Temperature）：常温（68℉/20℃）

上模速度：1in/s

模具行程：0.6in

　　◇提示：在模拟过程中，在可能用到对称的地方应尽可能地利用。这么做不但能节省计算的时间，而且能增加计算的准确性。对此立方环模型的端部几何模型的1/16进行变形分析，其结果可以代表环的整体变形情况。

◇ 提示：对称性模拟的主要原理：在对称面受到的两边的力是完全对称的，面上节点只可能在对称面上运动，判断的标准是镜像或者多次镜像能够将模型制作出来。另外需要注意的是，在坯料对称的同时，上下模具也同时存在相应对称关系才能对对称简化模型进行计算。

◇ 提示：对称模拟的同时否定了失稳现象的产生。

5.2 建立模型

5.2.1 创建一个新的问题

（1）DEFORM-3D 的打开：选择开始菜单 <kbd>开始</kbd> →程序→DEFORM V10-2→DEFORM-3D，进入 DEFORM-3D 的主窗口。

（2）在主窗口左上角单击 按钮，创建新问题。

（3）在弹出的问题类型（Problem Type）界面默认进入普通前处理（DEFORM-3D Preprocessor），单击 <kbd>Next ></kbd> 按钮。

（4）在弹出的问题位置界面使用默认选项（第一个选项），然后单击 <kbd>Next ></kbd> 按钮。

（5）在下一个界面中输入问题名称（Problem Name）SquareRing，如图5.3所示，单击 <kbd>Finish</kbd> 按钮，进入前处理模块。

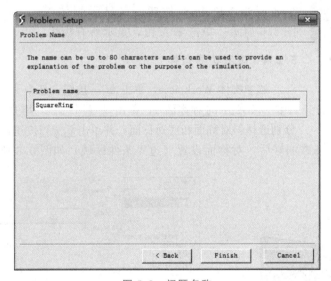

图5.3 问题名称

5.2.2 设置坯料

（1）单击 <kbd>General</kbd> 按钮，物体名称默认 Workpiece 不变，物体类型（Object Type）采用默认的塑性体（Plastic）。温度默认为常温68°F（华氏）不改变。单击 按钮，选择材料库中的 Steel→AISI-1045,COLD〔TOF(20C)〕，如图5.4所示，单击 <kbd>Load</kbd> 按钮加载。

DEFORM-3D塑性成形CAE应用教程（第2版）

（2）此时默认选中 Workpiece 物体（只有一个物体），单击 Geometry 按钮，在弹出界面定义坯料的几何体。然后单击 Import Geo... 按钮，在弹出的对话框中选择安装目录下 V10-2\3D\LABS 的 SquareRing_Billet. STL 文件导入。

（3）单击 Check GEO 按钮，进行几何检查。单击 Show/Hide Normal 按钮检查几何的法向，结果如图 5.5 所示，再次单击 Show/Hide Normal 按钮隐藏法向。

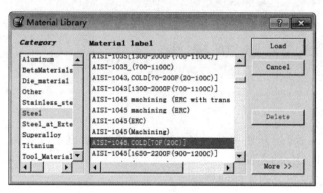

图 5.4　材料选取

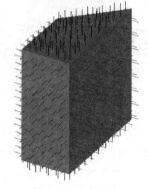

图 5.5　几何法向

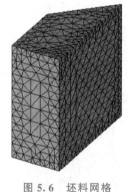

图 5.6　坯料网格

5.2.3　坯料网格划分

在 Objects 窗口，选中物体 Workpiece，单击 Mesh 按钮，进入网格划分窗口，采用默认为 8000 网格数量。单击 Generate Mesh 按钮，生成网格，单击 ● 按钮，只显示物体 Workpiece。坯料网格如图 5.6 所示。单击 ♣ 按钮，显示所有物体。

5.2.4　设置边界条件

选中物体 Workpiece，单击 Bdry. Cnd. 按钮，选中 Symmetry plane 图标，选中图 5.7 所示的对称面 1，单击 按钮，增加（1，0，0）对称面。分别选择斜对称面和底对称面，并单击 按钮，增加相应对称面。当三个对称面都添加好后，对称面设置（边界条件区域）如图 5.8 所示。

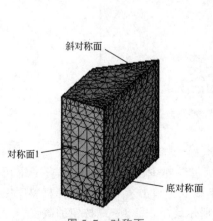

图 5.7　对称面

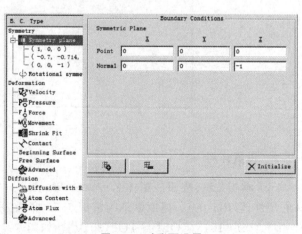

图 5.8　对称面设置

60

5.2.5 上模设置

(1) 单击 按钮，增加物体 Top Die。此时物体树会默认选中物体 Top Die。单击 General 按钮，物体类型(Object Type)采用默认的刚性体(Rigid)。

(2) 此时模型树选中 Top Die 选项，单击 Geometry 按钮，然后单击 Import Geo... 按钮，在弹出的对话框中选择安装目录下 V10－2\3D\LABS 的 SquareRing_TopDie.STL 文件导入。

(3) 单击 Movement 按钮，在运动参数设置窗口设置 Z 轴上的速度为 1in/s，如图 5.9 所示。

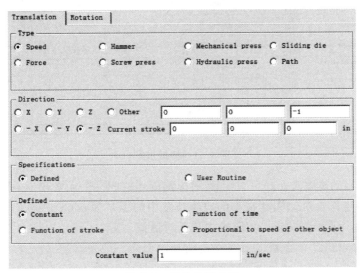

图 5.9 运动参数设置

◇ 提示：此立方环因为采用 1/16，锻件对称关系已经满足，因此下模是不需要的。

5.2.6 设置模拟控制

(1) 单击 按钮，打开模拟控制界面。修改模拟名称(Simulation Title)为 Square Ring，如图 5.10 所示。

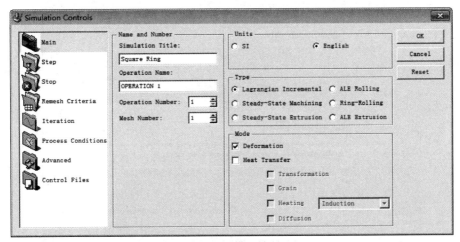

图 5.10 模拟控制

（2）单击Step按钮，设置模拟步数（Number of Simulation Steps）为30，设置存储增量（Step Increment to Save）为2，定义基本模具（Primary Die）为2-Top Die，设置 With Die Displacement 的 Constant 为0.02，如图5.11所示。

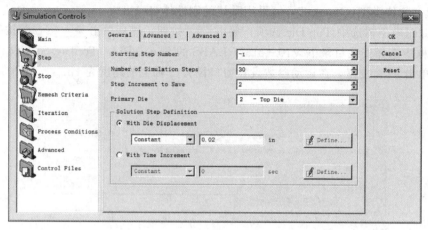

图5.11　模拟步骤

为了设定适当的步骤大小，可以用 ▭ 图标测量坯料的一个元素较少的边界长度。短边缘的平均长度大约是0.06。因此在小的边缘长度中的1/3为0.02in/step（Constant Die Displacement），单击 OK 按钮，关闭模拟控制对话框。

◇ 提示：可以通过单击 ▯ 按钮来保存前处理文件。

5.2.7　位置关系确定

在主窗口单击 ▯ 按钮，在弹出的对话框中，方法（Method）选择自动干涉（Interference），参考物体（Reference）选择 Workpiece，需要定位的物体（Positioning object）选择 Top Die，定位方向（Approach direction）选择－Z，干涉值（Interference）采用默认的0.0001。如图5.12所示，单击 Apply 按钮应用，然后单击 OK 按钮，关闭对话框。

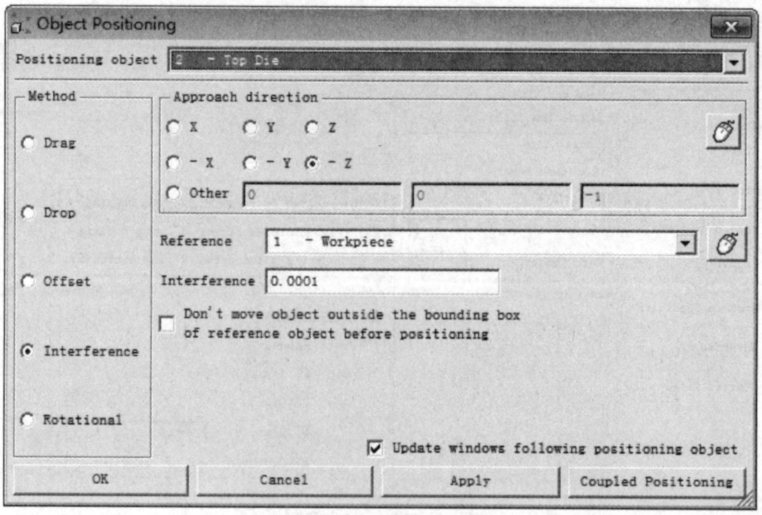

图5.12　模拟步骤

◇ 提示：在自动干涉下，参考物体为不动的参考体，定位物体是需要改变位置的物体，在一Z方向下，就是将定位物体从参考物体上向一Z方向移动，当两个物体的距离达到干涉值0.0001时，达到要求。

◇ 提示：对本案例，物体位置已经正确，上述操作物体位置不发生变化。

5.2.8 接触关系设置

（1）在前处理控制窗口的右上角单击 按钮，在弹出的对话框中单击 Yes 按钮，弹出 Inter-Object 对话框。

（2）此时系统默认选中唯一的关系 Top Die-Workpiece，单击 Edit... 按钮弹出定义对话框，在 Value 选项区域中，单击 按钮，在弹出的下拉菜单中选择 Cold Forming (Steel Dies)命令，摩擦因数系统会设为0.12，如图5.13所示，单击 Close 按钮，关闭对话框。

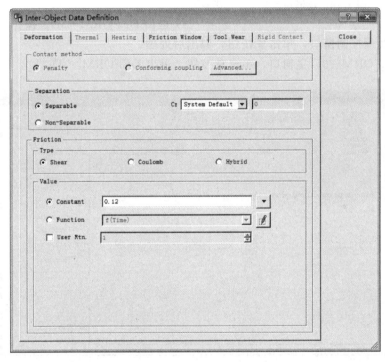

图 5.13 摩擦因数设置

【KEY 文件下载-第5章】

（3）单击 Generate all 按钮，生成接触关系。生成后单击 OK 按钮，关闭对话框。

5.2.9 检查生成数据库文件

在前处理控制窗口单击 按钮，在弹出的 Database Generation 对话框中单击 Check 按钮检查，再单击 Generate 按钮，生成模拟所需 DB 文件，然后单击 Close 按钮返回。此时单击 按钮，进入主窗口。

◇ 提示：检查后会出现 ，提示是体积补偿没有激活，这里可以忽略此提示。

5.3　模拟和后处理

（1）在 DEFORM-3D 的主窗口，选择 Simulator 中的 **Run** 选项开始模拟。

【方形环镦

粗分析】

（2）模拟完成后，选择 **DEFORM-3D Post** 选项。此时默认选中物体 Workpiece，单击 ● 按钮，图形区将只显示 Workpiece 一个图形。在 Step 窗口选择最后一步，如图 5.14 所示。

（3）单击 按钮，弹出图 5.15 所示的对话框，逐步单击对称面，最后获得完整物体，如图 5.16 所示。

（4）退出 DEFORM-3D。操作步骤如下。

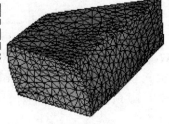

图 5.14　成形结果

① 在后处理控制窗口，单击 按钮，退出后处理。

② 在 DEFORM-3D 主窗口，单击 按钮，退出 DEFORM-3D。

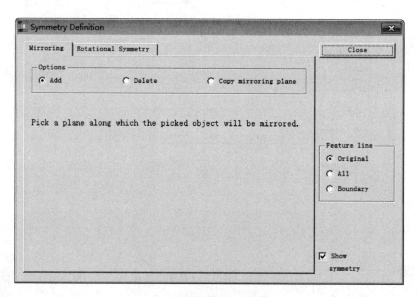

图 5.15　定义对称面

图 5.16　完整结果

由于工件与工具接触面间存在摩擦阻碍金属流动，使得成形所需的压力增加并导致变形不均匀，致使在工件外表面存在很大的附加拉应力，可能产生裂纹。在接触表面附近内部区域，由于变形很小，存在较粗大的原始铸态组织，严重影响了锻件的质量。在高温下镦粗时，这种现象将会更加明显。因此，为了提高锻件质量和变形量，在自由镦粗过程中应尽量减小鼓形，提高镦粗变形的均匀性，这对于难变形材料和大锻件的镦粗尤为重要。

（1）提高变形均匀性的工艺方法

镦粗时产生变形不均匀的原因：受工具与坯料接触面的摩擦影响；与工具接触的部分金属由于温度降低快，σ_s 较高。因此应当改善和消除引起变形不均的因素或采取合适的变形方法。在生产实践中，除了使用润滑剂和预热工具外，还有以下几种方法可用来提高变形均匀性。

① 传统方法。

a. 侧凹毛坯镦粗法。镦粗低塑性材料的大型锻件时，镦粗前将坯料侧面压成凹形 [图5.17(a)]，这样可以消除镦粗产生的鼓形，防止纵向开裂。

b. 软金属垫镦粗法。在工具和坯料之间放置一块温度不低于坯料温度的软金属垫 [图5.17(b)]，变形金属不直接受到工具的作用。由于软垫的变形抗力较低，故先变形并拉着坯料做径向流动，结果坯料的侧面内凹；当继续镦粗时软垫直径增大，厚度变薄，温度降低，变形抗力增大，而此时坯料明显地镦粗，侧面内凹消失，呈现圆柱形，再继续镦粗时，最后获得程度不太大的鼓形。

c. 套环内镦粗法。在坯料的外圈加一个碳钢的套环 [图5.17(c)]，靠套环的径向压力来减小由于变形不均匀而引起的附加拉应力，镦粗后将套环去掉。这种方法主要用于镦粗低塑性的高合金钢。

d. 叠镦法。叠镦法主要用于扁平的圆盘锻件，将两个锻件叠起来镦粗，形成鼓形，然后各自翻转再次叠加在一起镦粗以消除鼓形 [图5.17(d)]。叠镦不仅能使变形均匀，而且能显著地降低变形抗力。

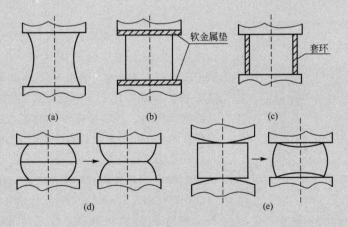

图5.17 各种提高变形均匀性的工艺方法

e. 其他方法。先压凹端面再取平板镦粗的方法［图5.17(e)］是李锦提出的，即先用凸形模镦粗，使坯料端面形成凹型，再用平板镦粗，从其有限元模拟结果看出，这种方法能明显降低鼓形。此外还有铆镦等方法。

② 扭压复合加载成形。

扭压复合加载成形工艺是在工件高度方向施加压力的同时，使模具相对工件产生扭转运动（图5.18），将被动摩擦转化成为促进金属流动的主动摩擦的一种新型工艺。扭压复合加载成形能从根本上解决运用镦粗时的产品质量缺陷。扭压复合加载成形通过主动摩擦力给工件施加扭矩的作用，迫使工件产生高度方向的压缩变形和横截面上的剪切变形，以消除镦粗成形中摩擦的有害作用，促进了金属的流动。

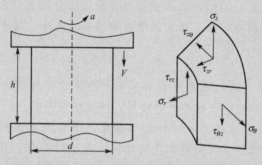

图5.18　扭压复合加载成形示意图

扭压复合加载成形相比传统方法有其明显的优势。侧凹毛坯镦粗法需要首先对坯料进行侧凹成形，而径向侧凹成形工艺实施起来比较困难，很难保证径向侧凹的一致性，而且端面附近晶粒粗大的缺陷仍然存在。软金属垫镦粗法和套环内镦粗法需要耗费额外材料，而且不可能完全消除鼓形。叠镦法对成形高径比较大的坯料因易发生失稳而受到限制，同时，叠镦时要求坯料严格对中，致使实际工艺操作极为不便。而且侧凹毛坯镦粗法、叠镦法及先压凹端面再取平板镦粗方法都要求至少两道工序。

（2）模拟与分析

① 建模与模拟。

图5.19　模拟模型

这里采用三维有限元模拟软件 DEFORM-3D 模拟 Al2017 在室温下的成形过程。模具和毛坯通过 Pro/E 建立实物模型，使用 STL 格式导入 DEFORM-3D，模型如图5.19所示。设定模具为刚性，自动划分毛坯单元网格。毛坯材料为 Al2017，高度 h 为 80mm，直径 d 为 80mm。变形后高度减小 40mm。上模为主动模，垂直的下压速度 v 为 2mm/s，设定上模向下运动 40mm（即 20s）后停止。转动角速度 a 分别取 0 与 10°/s（即 0.1745rad/s）输入。前者表示普通镦粗，后者表示扭压复合加载镦粗。设定摩擦条件为剪切摩擦，摩擦因数为 0.3。

② 模拟结果与分析。

模拟结束后，在 DEFORM-3D 的后处理器中获取模拟结果。对于鼓形的产生，最终成形尺寸比较见表 5-1。由表可知，扭压复合加载可明显减小鼓形的产生。

表 5-1 最终成形尺寸比较

成形方法	最终尺寸/mm		$\dfrac{d_{max} \cdot d_{min}}{d_{min}} \times 100\%$
	最小直径 d_{min}	最大直径 d_{max}	
普通镦粗	133.5	143.5	7.5%
扭压复合加载镦粗	139.5	141.0	1.0%

图 5.20 所示为普通镦粗和扭压复合加载镦粗所需载荷对比。由图可知，扭压复合加载镦粗可明显减小载荷，平均减小 8%~12%（图中 a0、a10 分别表示角速度为 0 和 10°/s）。图 5.21 所示为两种成形方法在最后一步时等效应力对比。由图可知，扭压复合加载应力分布平均，特别是在难变形区和侧面鼓形处尤为明显，这样使得变形均匀。

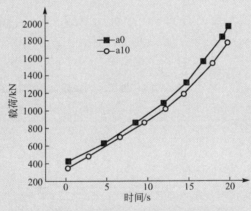

图 5.20 普通镦粗和扭压复合加载镦粗所需载荷对比

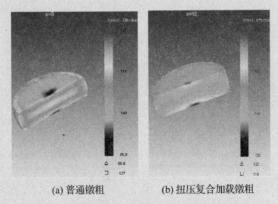

(a) 普通镦粗   (b) 扭压复合加载镦粗

图 5.21 等效应力对比

资料来源：杨春. 提高自由镦粗成形质量的工艺方法与有限元模拟. 铸造技术，2008，29(1)：111-113.

综合习题

(1) 图标  用来定义物体的_____。

(2) 图标 Symmetry plane 用来定义物体的_____。

(3) 常见的 DEFORM-3D 可以导入的几何文件类型包括哪些？

(4) 公制和英制常见工艺参数的差异是什么？

(5) 塑性成形工艺物体的常见运动包含哪些？

(6) 如何减少模拟运算的时间，并获得合理的结果？

第6章
道钉成形分析

本章学习目标

★ 了解道钉成形仿真过程的设置，掌握热成形分析的设置步骤；

★ 掌握热传导分析的边界条件的设置；

★ 掌握多工序过程分析的设置步骤。

本章教学要点

知识要点	能力要求	相关知识
热成形分析技术	掌握热传递分析的基本步骤，掌握热传递和热成形分析之间的耦合	热交换面的设置，DB 文件的打开及编辑，热成形分析结果的显示
热传导分析的边界条件的设置	掌握塑性成形分析对称面的设置技术	对称面的添加、删除及编辑
多工序过程分析技术	掌握工序之间的衔接技术	应变的保留、温度的梯度及对塑性的影响

导入案例

　　道钉就是铁路等使用的螺钉，是从国外传过来的一种先进的交通安全产品，如图6.0所示。道钉的一种英文名字叫 Raised Pavement Marker，这是美式英语的一种叫法，原意是突起路标。道钉的另一个英文名字是 Road Stud，这是英国英语或欧洲的一种叫法，意思是路上的钉子，以形容其带钉的形状。我国选用的道钉的英文名字是美式叫法的 Raised Pavement Marker。

【考虑与不考虑
温度变化的
钛合金锻造】

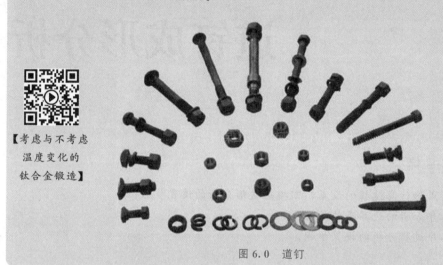

图6.0　道钉

　　本章主要通过道钉的成形过程，使读者掌握热传导分析和热成形分析。本案例重点掌握以下内容：热传导分析的边界条件设置，多工序过程分析技术。道钉的成形工艺分析需要很多工序，本章只讲解其中三道工序。

6.1　分 析 问 题

　　图6.1所示为取完对称面的简化模型（1/4），图6.2所示为简化有限元模型（含模具）。

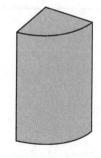

【STL 文件下
载-第6章】

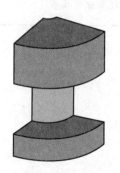

图6.1　取完对称面的简化模型 （1/4）　　　图6.2　简化有限元模型 （含模具）

此案例是一个热锻成形工艺。

工艺参数：

几何体和工具采用 1/4 来分析

单位：英制(English)

坯料材料(Material)：AISI – 1025

模具材料(Die Material)：AISI – H – 13

坯料温度(Temperature)：2000℉

模具温度(Die Temperature)：300℉

上模速度：2in/s

模具行程：0.75in

对于这个热成形工艺进行数值仿真，要分三道工序进行分析。

(1) 模拟 10s 内坯料从炉子到模具的热传递。这是从炉子里拿出来进行锻造之前，工件和空气之间进行的热交换。

(2) 对坯料停留于下模的 2s 时间进行模拟。这个过程也是一个热传递的模拟。

(3) 进行热传递和锻造工艺共同进行的耦合分析过程。

◇ 提示：温度的变化会对后面的塑性产生影响，一般情况下，金属的塑性随温度的降低而降低。

◇ 提示：实际工作中，工人师傅将工件放到工作台到开始变形需要一定的时间，此时坯料与下模接触的部分温度变化更快。

◇ 提示：这里将针对轴对称体的塑性成形问题进行 1/4 建模。零件是轴对称的，可以进行 2D 模拟。这里主要通过这个案例来阐述 3D 模拟中的一些主要概念。

6.2　热传导工序分析

6.2.1　创建一个新的问题

选择开始→程序→DEFORM V10 – 2→DEFORM – 3D 命令，进入 DEFORM – 3D 的主窗口。单击 按钮，新建问题，在弹出的界面单击 Next > 按钮，在接下来弹出的界面单击 Next > 按钮，在下一个界面输入问题名称(Problem Name)Spike，如图 6.3 所示，单击 Finish 按钮，进入前处理模块。

6.2.2　设置模拟控制

(1) 在前处理控制窗口单击 按钮，在弹出的 Simulation Controls 对话框中，把模拟标题(Simulation Title)改为 Spike Forging，工序名称(Operation Name)改为 OPERATION 1，Mode 选项区域中取消选中 Deformation 复选框，选中 Heat Transfer 复选框，Operation Number 设为 1，进行热传递的模拟，如图 6.4 所示。

(2) 单击 Step 按钮，设置如下参数：Number of Simulation Steps 为 50，Step Increment to Save 为 10，分析用时间控制，Constant 数值为 0.2，如图 6.5 所示。

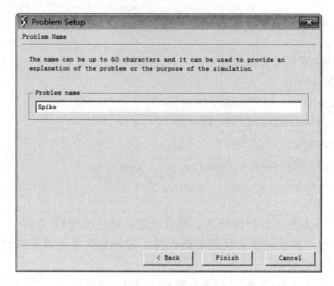

图 6.3 问题名称

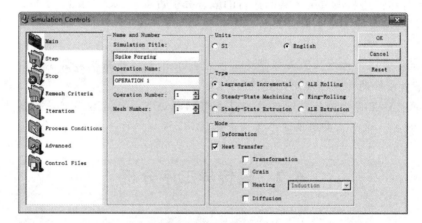

图 6.4 模拟控制

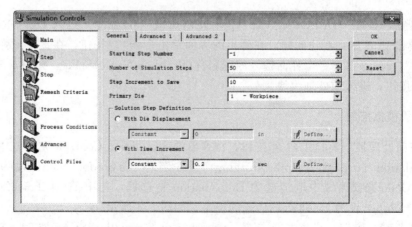

图 6.5 步骤设置

6.2.3 定义毛坯的温度及材料

（1）默认选中物体 Workpiece，单击 <u>General</u> 按钮，物体类型（Object Type）采用默认的塑性体（Plastic）。

（2）单击 <u>Assign temperature...</u> 按钮，在弹出的对话框中输入 2000，如图 6.6 所示，单击 <u>OK</u> 按钮，关闭对话框。

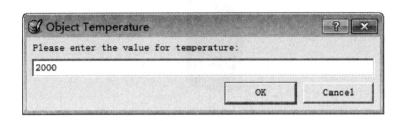

图 6.6 温度设置

（3）单击 ◙ 按钮，选择材料库中的 Steel→AISI－1025〔1800－2200F（1000－1200C）〕，如图 6.7 所示，单击 <u>Load</u> 按钮加载。

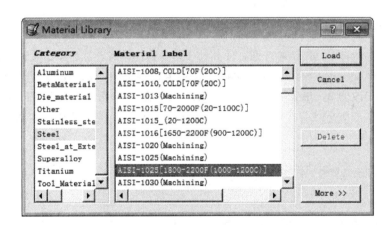

图 6.7 材料设置

6.2.4 几何体导入

（1）单击 ◻ 按钮，然后单击 <u>Import Geo...</u> 按钮，在弹出的读取文件对话框中找到 Spike－Billet.STL（V10－2\3D\LABS）并加载此文件。

（2）在 Objects 窗口单击 ◙ 按钮，在物体列表中增加一个名为 Top Die 的物体，并单击 ◻ _{Geometry} 按钮，然后单击 <u>Import Geo...</u> 按钮，在弹出的对话框中导入 Spike_TopDie1.STL（V10－2\3D\LABS）文件。

（3）单击 ◙ 按钮，增加一个名为 Bottom Die 的刚性物体，单击 ◻ 按钮，导入 Spike_BottomDie.STL 文件。导入的几何体如图 6.8 所示。

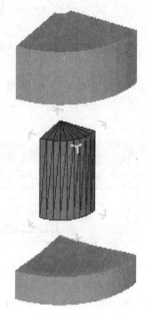

图 6.8　导入的几何体

6.2.5　坯料网格划分

　　选中物体 Workpiece，单击 ● 按钮，使其处于单一物体模式，然后单击 <kbd>Mesh</kbd> 按钮，进入网格划分窗口；选择 Detailed Settings 的 General 选项卡，将类型（Type）改为绝对的（Absolute），尺寸比（Size Ratio）改为 3，单元尺寸（Element Size）改为最小单元尺寸（Min Element Size）0.04，如图 6.9 所示。单击 <kbd>Surface Mesh</kbd> 按钮，生成表面网格，单击 <kbd>Solid Mesh</kbd> 按钮，生成坯料网格，如图 6.10 所示。

| Tools | Detailed Settings | Remesh Criteria |

Type
- ⦿ System Setup
- ○ User Defined

| General | Weighting Factors | Mesh Window | Coating |

Type
- ○ Relative
- ⦿ Absolute

Number of Elements 31996
Size Ratio 3

Element Size
- ⦿ Min Element Size 0.04 in
- ○ Max Element Size 0.0701642 in

☐ Finer internal mesh

| Surface Mesh | Solid Mesh | Default Setting | Show Mesh |

图 6.9　网格参数

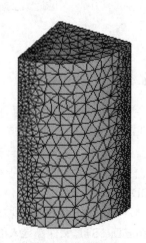

图 6.10　坯料网格

6.2.6 定义热边界条件

本模型是一个 1/4 对称体的一部分，所以在分析中，要通过边界条件的定义体现出来，因此要分析热问题，定义一个热边界条件即可。因为所有的边界条件都是加载到节点和单元上，这一步操作必须是对已经划分网格的物体才能操作。

（1）在物体树中选中物体 Workpiece，单击 ![Bdry. Cnd.] 按钮，弹出对话框，在 BCC Type 下选择 Thermal 类中的 Heat Exchange with Environment 选项，如图 6.11 所示。单击 ![Environment] 按钮，在弹出的对话框中，设置环境温度为 68℉（默认），如图 6.12 所示。设置完成后单击 ![OK] 按钮，关闭此对话框。

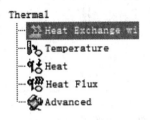

图 6.11 热交换选项

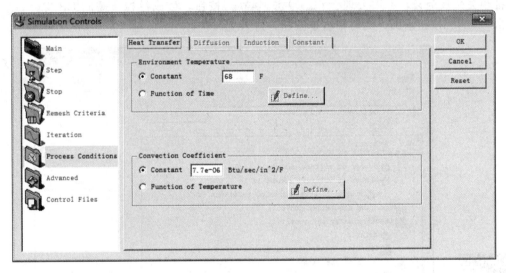

图 6.12 热交换环境

◇ 提示：单击 按钮后，也可以进行图 6.12 所示对话框的设置，只是此处只有 Process Conditions 选项被激活，其他选项灰显。

（2）在屏幕的左下角出现的小窗口是为了选择边界面，在默认的情况，如图 6.13 所示，单击热交换面，包括毛坯的上下和圆柱外面，如图 6.14 所示，单击 ![] 按钮，完成热边界条件的定义。

◇ 提示：除对称面以外的物体面都是热交换面。

◇ 提示：在选择上述三个面的过程中，不可能在一个视角内将三个面都找到，必须要在不同视角之间切换，此时可以利用旋转图标 ![] 和选择图标 ![] 联合完成，也可以通过鼠标中键旋转，直接选择。旋转图标通过旋转角度，寻找边界面；选择图标保证能够用鼠标选择。

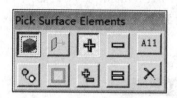

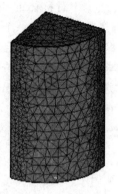

图 6.13　选择工具　　　　　　　　图 6.14　热交换面

6.2.7　检查生成数据库文件

在前处理控制窗口单击🗄按钮，在弹出的 Database Generation 对话框中单击 Check 按钮检查，如图 6.15 所示，出现提示 ❓ No inter-object relations are defined.，提示说明没有任何接触关系被定义，不用去理会它。单击 Generate 按钮，生成模拟所需的 DB 文件，然后单击 Close 按钮返回。此时单击🗄按钮，进入主窗口。

【KEY 文件下载-第 6 章】

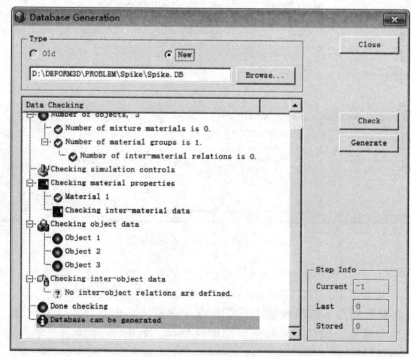

图 6.15　DB 检查

◇ 提示：对此工序不需要定义接触关系，因为模具实际上还没起作用。如果不考虑后面工序的话，此案例实际上不需要增加上模和下模。

6.2.8　模拟和后处理

在 DEFORM – 3D 的主窗口，选择 Simulator 中的 `Run` 选项开始模拟。

模拟完成后，选择 `DEFORM-3D Post` 选项。此时默认选中物体 Workpiece，单击 ◉ 按钮，图形区将只显示 Workpiece 一个图形。在 Step 窗口选择最后一步(50)，在变量下拉列表框中选择温度(Temperature)如图 6.16 所示，物体温度显示如图 6.17 所示。

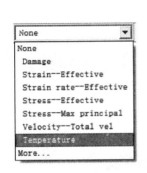

图 6.16　温度选择

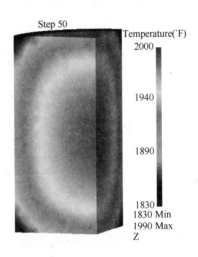

图 6.17　物体温度

6.3　坯料与下模热传导工序

6.3.1　打开前处理文件

(1) 在主窗口找到前面分析获得的数据文件 Spike. DB，选中后选择 `DEFORM-3D Pre` 选项，在弹出的对话框中选择第 50 步，如图 6.18 所示，单击 ` OK ` 按钮，进入前处理。这时可以看到 `Temperature 1832 ~ 1989`，是目前温度的实际范围。

◇ 提示：对于一个已经计算过的数据文件，在前处理打开时，会提示输入哪个时间步，如果是在原来的基础上接着计算，可以选择最后一步，如果想对计算问题重新进行前处理，选择第一步。如有其他用途，选择其中的任何一个时间步。

导入后的物体如图 6.19 所示。

◇ 提示：图形显示可能略有不同，可以通过切换显示改变。

(2) 单击 `Advanced` 按钮，然后单击 `Node Data` 按钮，选择 `Thermal` 选项卡，界面如图 6.20 所示，单击 Node Temperature 后面的 ◉ 按钮，查看此时节点温度，结果如图 6.21 所示。

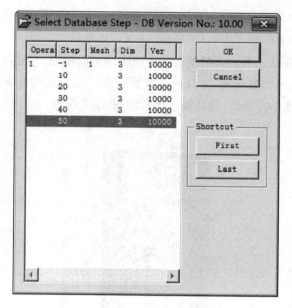

图 6.18　步骤选择

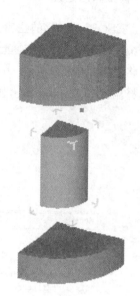

图 6.19　导入后的物体

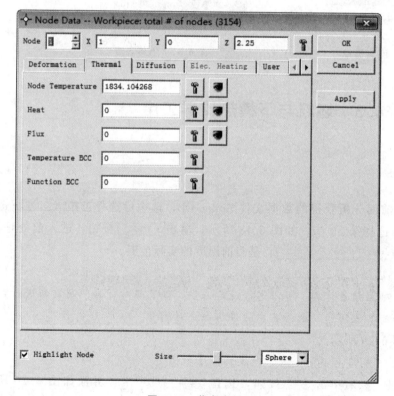

图 6.20　节点资料

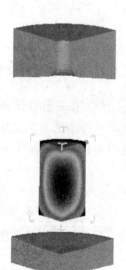

图 6.21　节点温度

6.3.2 定义上模

(1) 选中物体 Top Die，单击 <kbd>General</kbd> 按钮，物体类型（Object Type）保持默认的刚性体（Rigid）。单击 <kbd>Assign temperature...</kbd> 按钮，在弹出的对话框中输入 300，单击 <kbd>OK</kbd> 按钮，关闭对话框。

(2) 在前处理控制窗口，单击 <kbd>▣</kbd> 按钮，选择材料库中的 Die_material→AISI - H - 13，如图 6.22 所示，单击 <kbd>Load</kbd> 按钮加载。

(3) 单击 <kbd>Mesh</kbd> 按钮，在默认的情况下，单击 <kbd>Generate Mesh</kbd> 按钮，生成网格。

(4) 单击 <kbd>Bdry. Cnd.</kbd> 按钮，弹出对话框，在 BCC Type 下选择 Thermal 类中的 Heat Exchange with Environment 选项，然后选择除对称面之外的所有面，如图 6.23 所示，单击 <kbd>▣</kbd> 按钮，完成热边界条件的定义。

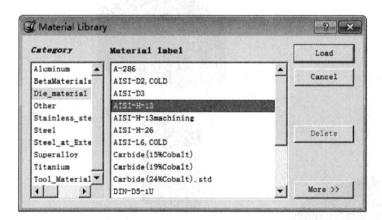

图 6.22 材料加载

图 6.23 上模热交换面

◇ 提示：有时网格生成以后，系统会出现边界条件的提示，判断需要加载热交换面，如图 6.24 所示，可以单击 <kbd>Yes</kbd> 按钮让系统自动加载。此时上面的步骤(4)可以不做。

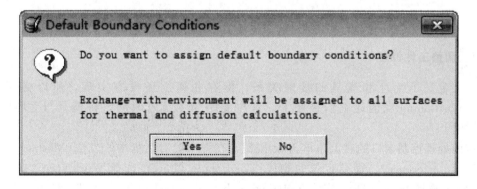

图 6.24 边界条件提示

◇ 提示：网格划分以后，可以单击 <kbd>Save Mesh...</kbd> 按钮保存网格，将来利用 <kbd>Import Mesh...</kbd> 按钮导入后可另作它用。

6.3.3　定义下模

（1）选中物体 Bottom Die，单击 General 按钮，物体类型（Object Type）保持默认的刚性体（Rigid）。单击 Assign temperature... 按钮，在弹出的对话框中输入 300，单击 OK 按钮，关闭对话框。

（2）在前处理控制窗口，单击▣按钮，单击定义过的 AISI-H-13[1450-1850F(800-1000C)] 加载。

（3）单击 Mesh 按钮，在默认的情况下，单击 Generate Mesh 按钮，生成网格。

（4）单击 Bdry. Cnd 按钮，弹出对话框，在 BCC Type 下选择 Thermal 类中的 Heat Exchange with Environment 选项，选择除对称面之外的所有面，如图 6.25 所示，单击 ▦ 按钮，完成热边界条件的定义。完成以后的网格模型如图 6.26 所示。

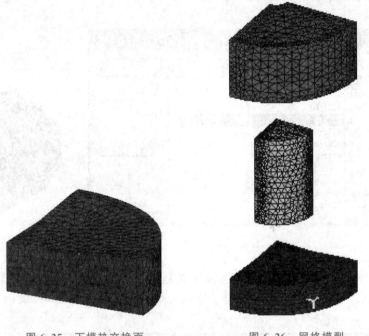

图 6.25　下模热交换面　　　　图 6.26　网格模型

6.3.4　调整工件位置

上文定义了毛坯和模具的接触关系，但在几何上还没有实现，所以必须通过 Object Positioning 功能让它们接触上。这主要是为了节省时间，将模具与毛坯接触的过程省略。

在前处理控制窗口的右上角单击 ▣ 按钮，在弹出的对话框中，方法（Method）选择自动干涉（Interference），需要定位的物体（Positioning Object）选择 Workpiece，参考物体（Reference）选择 Bottom Die，定位方向（Approach Direction）选择－Z，干涉值（Interference）采用默认的 0.0001，如图 6.27 所示。单击 Apply 按钮应用，再单击 OK 按钮关闭对话框，坯料将从上往下靠拢下模，如图 6.28 所示。

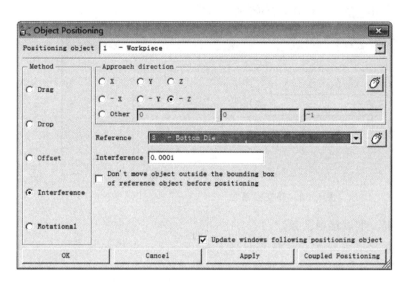

图 6.27　自动干涉对话框　　　　　　　图 6.28　定位后的问题

◇ 提示：－Z 向的自动靠模就好比参考物体放在那里不动，移动的物体往下（－Z 方向）放到参考物体上面，推荐大家永远都用－Z 方向。

◇ 提示：做自动靠模时，坯料必须已经划分了网格。

◇ 提示：此时上模还没接触坯料，所以不做移动。

6.3.5　定义接触关系

（1）在前处理控制窗口的右上角单击 按钮，在弹出的对话框中单击 Yes 按钮，弹出 Inter－Object 对话框，如图 6.29 所示。

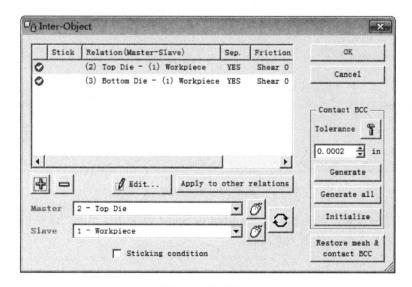

图 6.29　关系定义

（2）选中第二个关系（3）Bottom Die -（1）Workpiece，单击 ✏Edit... 按钮，弹出定义对话框，单击 ▼ 按钮，在弹出的下拉菜单中选择 Free resting 选项，热交换系数会自动给定 0.0003，如图 6.30 所示，单击 Close 按钮，关闭该对话框。

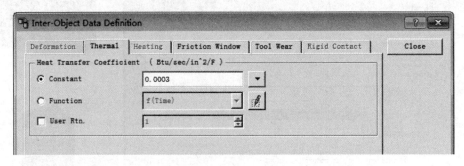

图 6.30　热交换系数

（3）单击 Generate all 按钮，生成接触关系。

◇提示：此时上模和坯料还未接触，保持热传递系数 0 不变，删掉此接触关系对结果也无影响，但是后面工序还需要加入，这里保留。

6.3.6　设置模拟控制

（1）在前处理控制窗口单击 🐞 按钮，在弹出的 Simulation Controls 对话框中把 Operation Name 改为 Dwell，Operation Number 改为 2，如图 6.31 所示。

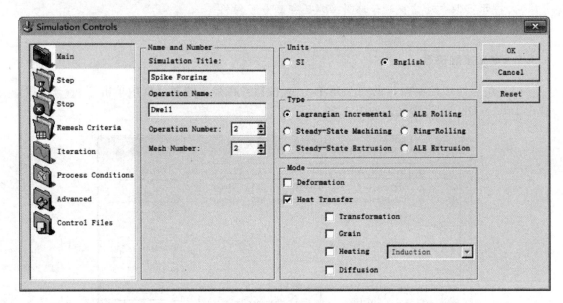

图 6.31　模拟控制

（2）单击 🐞step 按钮，Number of Simulation Steps 设为 10，Step Increment to Save 设为 5，每步时间为 0.2s，如图 6.32 所示。

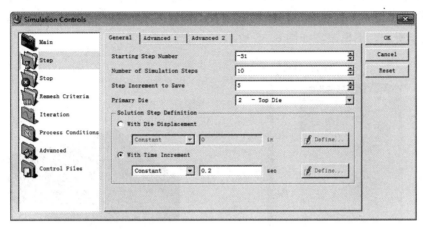

图 6.32 步数设置

6.3.7 检查生成数据库文件

选择 File→Save 命令存盘,保存 KEY 文件,单击 按钮,在弹出的对话框中单击 Check 按钮进行检查,出现提示 Heat transfer coefficient between objects 1 and 2 is ZERO.,如图 6.33 所示,不理会它,单击 Generate 按钮,生成 DB 文件,然后单击 Close 按钮返回。单击 按钮,进入主窗口。

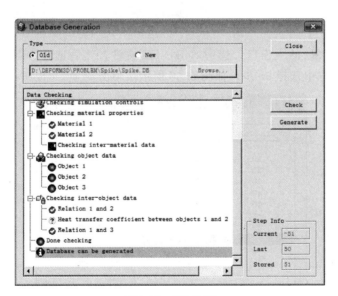

图 6.33 DB 检查

6.3.8 模拟和后处理

在 DEFORM-3D 的主窗口,选择 Simulator 中的 **Run** 选项开始模拟。

模拟完成后,在 DEFORM-3D 的主窗口选择 **DEFORM-3D Post** 选项进入后处理。选择

Variable 为 Temperature，为了清晰起见，单击 ⚫ 按钮，以单独显示一个物体的方式，分别选中物体 Workpiece 和 Bottom Die，观察在不同时间步的温度分布。最后一步坯料的温度如图 6.34 所示，下模温度如图 6.35 所示。

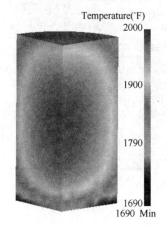

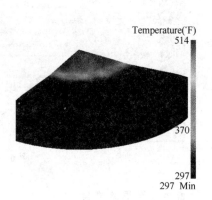

图 6.34　最后一步坯料的温度　　　　　　图 6.35　下模温度

6.4　热锻成形工序

6.4.1　打开原来的数据文件

在 DEFORM-3D 的主窗口，选中 Spike.DB 文件，然后选择 DEFORM-3D Pre 选项，在弹出的对话框中选择 60 步，如图 6.36 所示，单击 ＯＫ 按钮，进入前处理。

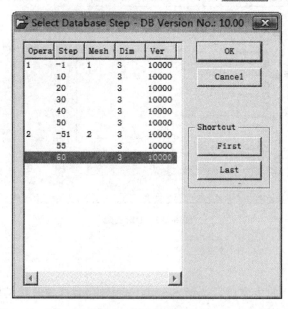

图 6.36　步骤选择

6.4.2　改变模拟控制参数

（1）在前处理的模拟控制参数设置对话框中，将 Operation Name 改为 Forging，将 Deformation 和 Heat Transfer 复选框同时选中，如图 6.37 所示。

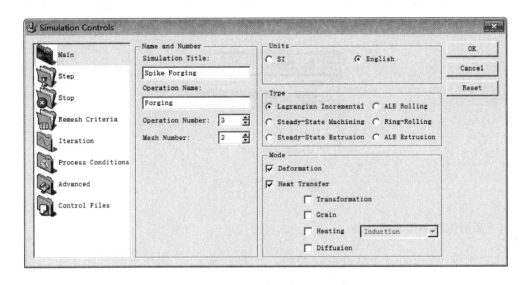

图 6.37　模拟控制

（2）单击 Step 按钮，设置 Number of Simulation Steps 为 30，Step Increment to Save 为 5，每步长为 0.025in，如图 6.38 所示。单击 OK 按钮，关闭模拟参数设置对话框。

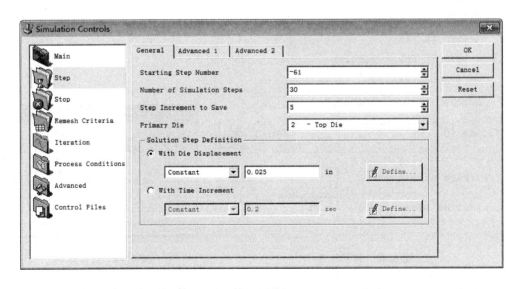

图 6.38　步数选择

6.4.3 设置坯料边界条件

当模拟控制中 Deformation 没有被激活时，对称边界不能设置，下面将进行设置。

选中物体 Workpiece，单击 按钮，选中 Symmetry plane 图标，然后分别选中坯料的对称面，并单击 按钮，增加(-1，0，0)和(0，-1，0)对称面。设置完成以后，设置区如图 6.39 所示。

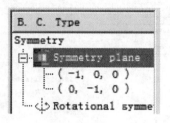

图 6.39 对称面设置

6.4.4 添加体积补偿参数

选中物体 Workpiece，单击 按钮，在 Deformation 选项卡的目标体积（Target Volume)选项区域中选中 Active in FEM + meshing 单选按钮，如图 6.40 所示。意思是说，在计算过程和重划分网格时都要考虑网格的目标体积。然后单击 按钮，弹出的对话框如图 6.41 所示，单击 Yes 按钮，目标体积会自动复制到体积输入。

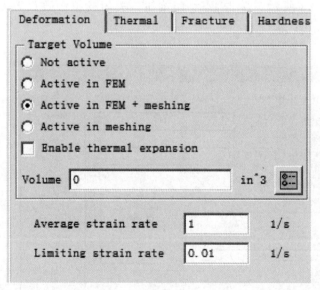

图 6.40 体积补偿

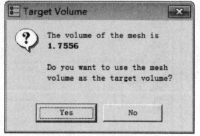

图 6.41 目标体积

◇ 提示：此设置可消除 DB 检查时 ⑦ Volume compensation has not been activated for object 1 的黄色问号。

6.4.5　上模对称及运动设置

（1）选中物体 Top Die，单击 [□] 按钮，选择 Symmetric Surface 选项卡，然后分别选中上模的对称面，并单击 ✚Add 按钮。设置完成后设置区如图 6.42 所示。

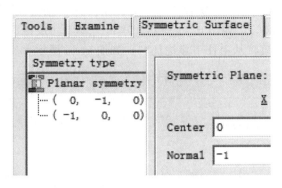

图 6.42　上模对称面

◇ 提示：刚性体的对称面在几何体单击 [□] 按钮，然后在 Symmetric Surface 选项卡中进行设置，而不像塑性体，是在边界条件单击 Bdry Cnd 按钮和 Symmetry plane 图标后进行设置。

（2）单击 Movement 按钮。定义在 Z 轴上的速度为 2in/s，如图 6.43 所示。

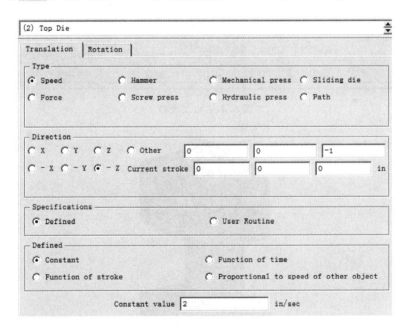

图 6.43　上模速度

6.4.6　下模对称设置

选中物体 Bottom Die，单击 [□] 按钮，选择 Symmetric Surface 选项卡，然后分别选中下模的对称面，并单击 ✚Add 按钮完成设置。

6.4.7　定位上模

在前处理控制窗口的右上角单击 按钮，在弹出的对话框中，方法（Method）选择自动干涉（Interference），需要定位的物体（Positioning object）选择 2 - Top Die，参考物体（Reference）选择 1 - Workpiece，定位方向（Approach direction）选择－Z，干涉值（Interference）采用默认的 0.0001，如图 6.44 所示。单击 Apply 按钮应用，然后单击 OK 按钮，关闭对话框，上模将从上往下靠拢坯料，如图 6.45 所示。

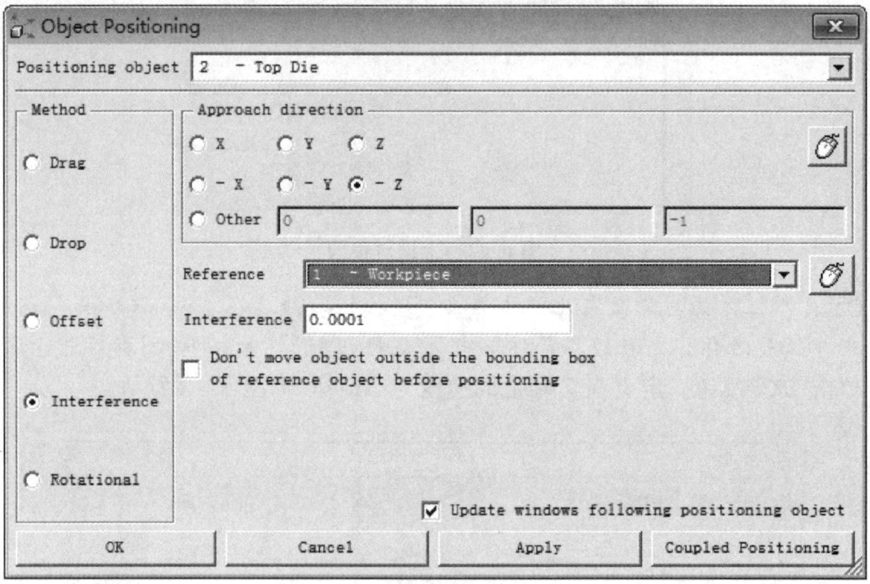

图 6.44　自动干涉

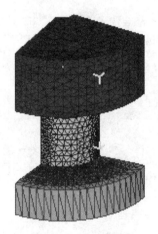

图 6.45　图形显示

6.4.8　设置接触关系

（1）单击 按钮，弹出 Inter - Object 对话框，选中关系 Top Die - Workpiece，单击

按钮，弹出定义对话框，此时单击 ▾ 按钮，在弹出的下拉菜单中选择 `Hot forging (lubricated)    0.3` 选项，摩擦因数系统会设为 0.3，如图 6.46 所示。

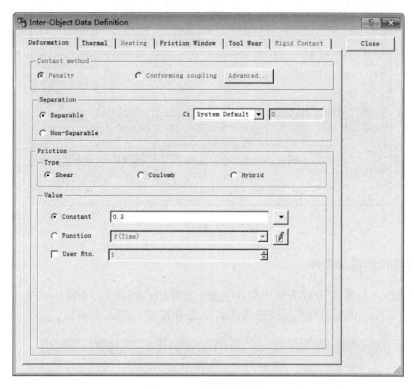

图 6.46　摩擦因数定义

（2）选择 `Thermal` 选项卡，单击 ▾ 按钮，在弹出的下拉菜单中选择 `Forming` 选项，热传导系数默认为 0.004，如图 6.47 所示。单击 `Close` 按钮，关闭对话框。

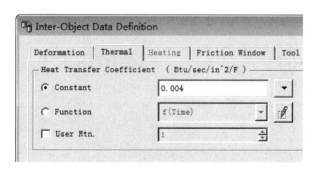

图 6.47　热传导系数定义

（3）接触关系对话框如图 6.48 所示，单击 `Apply to other relations` 按钮，将(2)Top Die –（1）Workpiece 之间的关系复制到（3）Bottom Die –(1)Workpiece。

（4）单击 `Generate all` 按钮，生成接触关系。单击 `OK` 按钮，关闭对话框。

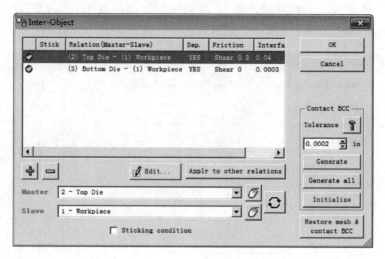

图 6.48　接触关系

6.4.9　检查生成数据库文件

单击 按钮，在弹出的对话框中单击 `Check` 按钮，如图 6.49 所示，单击 `Generate` 按钮，生成 DB 文件，单击 `Close` 按钮返回，单击 按钮，进入主窗口。

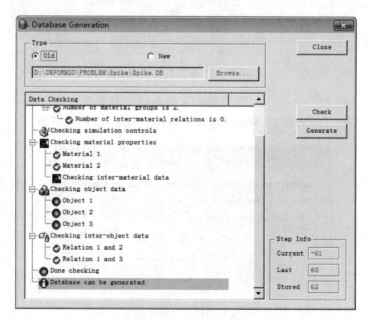

图 6.49　DB 检查

6.4.10　模拟和后处理

在 DEFORM-3D 的主窗口，选择 Simulator 中的 **Run** 选项开始模拟。

模拟完成后，选择 **DEFORM-3D Post** 选项。在 Step 窗口选择最后一步，在变量对话框中选择温度（Temperature），展示窗口如图 6.50 所示。

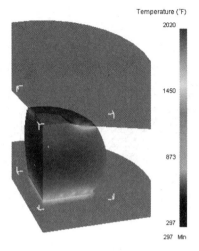

【道钉成形分析】

图 6.50　模型温度

◇ 提示：这个模拟一共有 90 步，其中第 1~50 步是散热过程，第 51~60 步是下模传热过程，第 61~90 步是成形和热交换的耦合过程。

◇ 提示：此零件成形工艺还需终锻成形，具体功能会在下一个案例实现，此案例忽略，保留此案例的最终 DB 文件，后面第 8 章的模具应力分析和第 18 章的晶粒度分析会用到。

应用案例6-1

微型螺钉主要用于电子产品的装配，一般采用冷成形加工。主要工艺流程：拔丝→下料→镦粗(预成形)→冲槽(最终成形)→搓丝→热处理及表面处理。在头部成形过程中，由于预成形凸模设计不合理、成形接触面的摩擦因数和润滑不良、材料不合格、工艺参数不合理，往往会出现一定的缺陷，如裂纹和折叠。

采用有限元软件对塑性成形过程进行仿真，可对头部成形过程特点及各因素的影响进行研究，并可对上述缺陷进行预测，从而为工艺设计和改进提供指导。这里主要探讨在 DEFORM-3D 的环境下螺钉头部成形的仿真，通过仿真分析了解螺钉头部典型成形过程的特点。

(1) 成形过程分析

螺钉头部成形过程包括两个工步：预成形的镦粗和最终成形的冲槽，如图 6.51 所示。

镦粗过程中，根据工件应力应变及材料流动的情况可以将变形区由下而上分为三个部分，如图 6.51 所示。区域①中材料受到主模料孔的约束，只在长度方向发生弹性变形。弹性变形的回弹会使螺钉的尺寸发生偏差。区域②中材料发生塑性变形，填充向主模型腔。变形受到凸模凹坑的约束，并在接触面上发生摩擦。与通常情况下的镦粗有一定的区别。区域③中材料在料孔的约束下，只在长度方向发生弹性变形，直到进入凸模凹坑处才产生塑性变形。材料在与凸模料孔的接触表面上受到摩擦力作用。

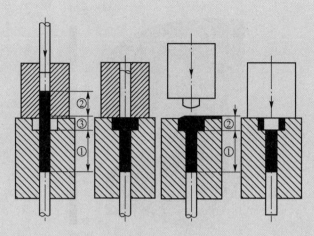

图 6.51　螺钉头部成形过程

冲槽过程中变形主要集中在主模型腔中，主模料孔区域的材料变形量较小。整个过程中，反挤压和镦粗复合进行，材料与模具的接触表面不断变化，摩擦力的作用、材料中应力应变分布及材料流动情况均比较复杂，且受到预成形结果的影响。

（2）DEFORM-3D下的建模

理想的镦粗过程中材料分布均匀，工件和模具的形状、外载荷、摩擦及各种边界条件都是轴对称的，因此是典型的轴对称问题，可以简化成为二维平面模型。冲槽过程中，工件和模具的形状、外载荷、摩擦及各种边界条件也具有一定的周期对称性，模型也可以进行简化。由于是在 DEFORM-3D 中建模，镦粗的模型也采用 3D 模型。根据周期对称性将镦粗和冲槽的模型都简化为完整模型的 1/12，在 3D 实体造型软件中建立实体模型，生成 *.STL 文件，导入 DEFORM-3D 的前处理模块中。所有的实体模型都需要设定几何对称面，这样 DEFORM-3D 才能够按照对称问题进行求解，如图 6.52 所示。

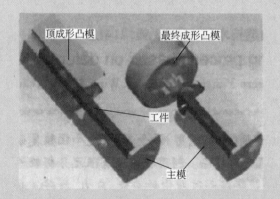

图 6.52　按对称面扩展后的镦粗和冲槽的实体模型

工件材料为合金钢，采用塑性材料模型，忽略了弹性变形及其回弹对形状和尺寸精度的影响。模具和冲棒采用刚体材料模型，不需要划分网格和定义材料。冲棒在成形过程中是首要运动部件（Primary Die），需要根据加工过程中的实际速度设定运动的速度。

DEFORM-3D采用的网格是拉格朗日网格，网格中的节点与材料点重合，边界节点始终保持在边界上，mesh window及网格模型如图6.53所示。

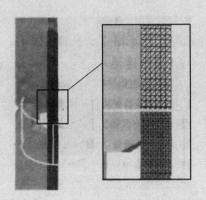

图6.53 mesh window及网格模型

工件网格划分后，需定义网格的几何对称面，才能作为对称问题进行求解。

（3）接触的定义

DEFORM-3D可根据接触关系的定义自动生成接触。接触关系由Master和Slave构成，材料硬的（如模具）设为Master，材料相对较软的（如工件）设为Slave。接触关系的摩擦因数、容差、分离准则、模具磨损等需要定义。DEFORM-3D提供了两种摩擦类型：剪切摩擦条件(Shear)和库仑摩擦条件(Coulomb)。螺钉成形为冷塑性成形，选用剪切摩擦条件0.08。

DEFORM-3D处理与时间相关的非线性问题时，将时间离散为多个时间增量，求解每个时间增量上的一系列有限元解。在每个时间增量中，有限元网格上每个节点的速度、温度及其他主要变量，通过边界条件、工件材料的性能和上一时间增量的解进行迭代求解。其他变量均由这些主要的变量推导而出，因此需要在模拟控制中设置总步数和子步长。

（4）仿真结果的分析

利用flownet功能，可对平面应变问题和轴对称问题的材料流动状况进行比较好的观察。镦粗时材料流动情况（冲槽变形过程），如图6.54所示。

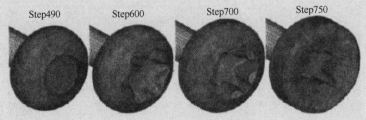

图6.54 冲槽变形过程

镦粗后塑性等效应变最大值区域位于头部中心较扁平的区域。结合材料流动情况可知，这部分材料受到轴向的压缩作用和径向的拉伸作用，变形量最大。冲槽后最大塑性等效应变区域位于槽内表面。

镦粗和冲槽的等效应力分布如图6.55所示。镦粗时，螺钉头部外围始终处于受拉状态，内部处于受压状态。冲槽时，应力状态变化比较复杂。

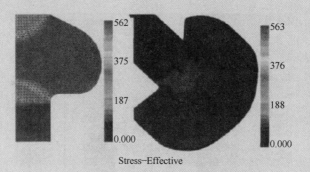

Stress-Effective

图6.55　镦粗和冲槽的等效应力分布

DEFORM-3D提供了一个对韧性断裂进行预测的参考值——Damage。其数值是Cockcroft-Latham韧性断裂准则中的"C"。此韧性断裂准则认为最大拉应力是材料破坏的主要因素。整个成形过程中Damage值最大的区域始终位于螺钉头部的侧面，而侧面始终处于较大的拉应力作用下，因此需要预防裂纹的产生，Point1的Damage变化情况如图6.56所示。

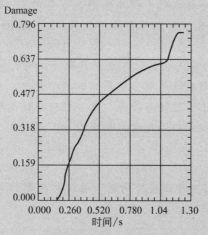

图6.56　Point1的Damage变化情况

DEFORM-3D提供了对折叠（Folding）的预测功能。在冲槽过程中，在槽内壁及螺钉头的顶面上各有两个区域比较容易出现折叠。槽内折叠的产生是由于冲槽达到一定阶段时镦粗和反挤压同时进行，导致折叠区域上下部分的材料流向相反，使折叠区域材料被拉向内部。顶部的折叠是由于在冲槽的初期——反挤压阶段，材料被挤出并向径向翘曲，而后期镦粗过程中被压下造成的。冲槽中可能产生的折叠（图6.57）均可以通过改进预成形镦粗时的凸模形状来防止。

成形过程中，镦粗时冲棒及冲槽时上凸模的载荷可通过Graph（Load Stroke）功能进行观察。镦粗阶段，变形过程平稳，材料的流动阻力相对较小，冲棒载荷保持平稳缓慢上升。冲槽阶段，变形过程比较复杂：初期只发生反挤压作用，与镦粗相比反挤压的变形抗力更大且上升较快；后期反挤压和镦粗同时进行，变形抗力进一步加大，同时工件材料在模具型腔的约束下，快要填满型腔，向角隙填充时流动阻力上升快速，且随接触面加大摩擦力也加大，故冲槽时凸模载荷比较复杂，上升速度很快。

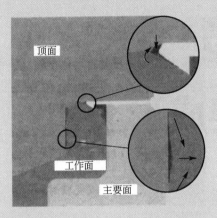

图 6.57　冲槽中可能产生的折叠

→ 资料来源：周勇，傅蔡安．基于 DEFORM - 3D 的微型螺钉冷成形过程有限元分析．
机械械设计与制造，2008(3)：109 - 111.

综合习题

(1) 图标 Heat Exchange wi 用来定义物体的_____。

(2) 图标 Environment 用来定义模拟的_____。

(3) 图标 ⏬ 用来_____。

(4) 坯料在热成形时都和哪些物体进行交换？

(5) 进行对称分析的物体的哪些面是热交换面？

(6) 如果热交换面设置错误怎么修改？

(7) 热成形分析为什么先要进行温度的传递分析？它对分析结果有什么影响？

(8) 热成形时不考虑热传递，对分析精度有什么影响？

(9) 温度和成形的耦合分析和单独分析有什么区别？

第7章
齿轮托架成形分析

本章学习目标

★ 了解齿轮托架成形仿真过程的设置，掌握热成形分析的完整工序；
★ 掌握网格划分的详细设置；
★ 掌握设置库的运用；
★ 掌握模拟停止条件的设置。

本章教学要点

知识要点	能力要求	相关知识
网格划分技术	掌握网格划分的质量控制和细化技术	网格的数量、比率、权重因子的设置
设备库的设置	掌握 DEFORM - 3D 中的设备库及运用	机械压力机的设置，变形速度对成形的影响
分析停止的条件设置	掌握准确停止模拟过程的设置技术	运动距离条件，设备能力条件，材料变形条件

导入案例

　　齿轮传动作为动力传动的主体，在成套机械装备中是重要的基本部件。齿轮类零件（图7.0）具有恒功率输出、实用可靠、效率高、生产技术成熟等优点，因此，在传递动力（尤其是较大动力）的场合，如大型发电设备、风力发电、大型水泥机械、合成氨设备、轧钢机、轮船、军舰、汽车、坦克、航空航天等领域，仍然具有不可取代的地位。

【齿轮托架
成形】

图 7.0　齿轮类零件

　　通过本章案例的学习，学生能够进一步巩固塑性成形分析工艺，比较准确地分析一个零件成形的整体工艺。本章重点要求掌握以下内容：设备库的运用，停止条件的设置，Primary Die 的含义，热成形零件的多工序成形工艺完整分析过程。

7.1　分析问题

　　图 7.1 所示为零件的成形工艺，图 7.2 所示为其简化模型（取模型的 1/12 即半个齿）。

　　此案例是一个温锻成形工艺。该成形工艺一共需要两个成形工序，从仿真的角度应该需要至少五个工序。下面结合工序参数进行说明。

　　工艺参数（工具和坯料都简化为采用几何体的 1/12 进行分析）如下。

　　单位：国际单位制（SI）

　　坯料材料：DIN C35

　　坯料尺寸：直径 31.5mm，高度 67mm

　　预热温度：1230℃

【STL 文件下
载-第 7 章】

模具温度：80℃

设备：Mechanical Press Forging(机械压力机)

工序1：空气传热过程，从炉子到压力机的传送过程，时间为7s

工序2：下模上的停留，时间为0.7s

工序3：坯料镦粗过程，将高度从31.5mm镦到9.5mm

工序4：传送到终锻模过程，时间为3s

工序5：终锻成形

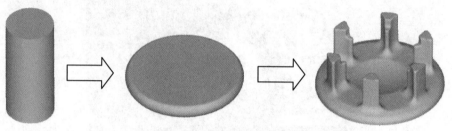

图7.1 零件的成形工艺

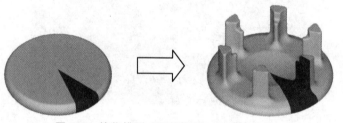

图7.2 简化模型（取模型的1/2即半个齿）

7.2 空气传热过程

7.2.1 创建一个新的问题

打开 DEFORM-3D，单击 按钮，新建问题，在弹出的界面单击 Next> 按钮，在接下来弹出的界面单击 Next> 按钮，在下一个界面输入问题名称（Problem Name）Gear_Carrier，如图7.3所示，单击 Finish 按钮，进入前处理模块。

7.2.2 设置模拟控制

单击 按钮，弹出模拟控制（Simulation Controls）对话框，设置模拟名称为 Gear Carrier，操作名为 Furnace Transfer，操作数为1，仅仅激活热传递模拟 Heat Transfer，设置单位为国际单位（SI 单位），此时出现单位转换提示窗口，如图7.4所示，选中第一项后单击 OK 按钮，此时出现模拟控制对话框，如图7.5所示。

◇ 提示：单位转换前系统会默认一些值（如环境温度、热传导系数），单位不同需要重新赋值。

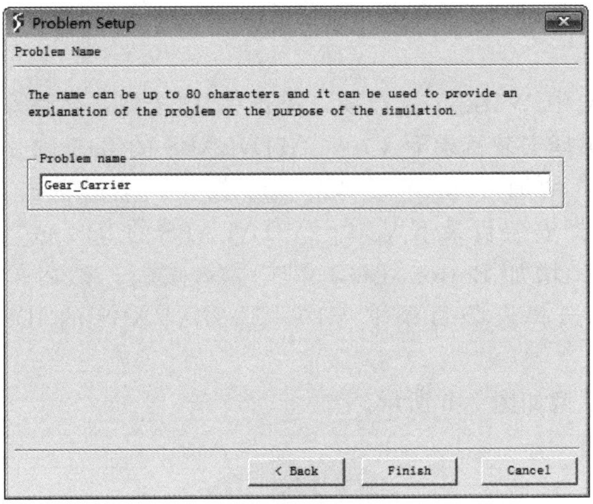

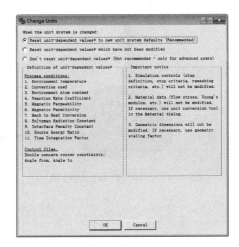

图 7.3　问题名称

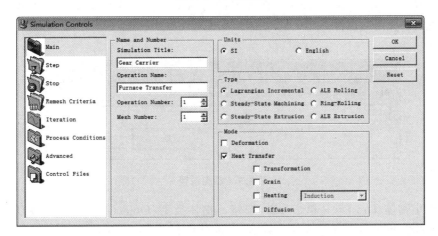

图 7.4　单位转换

图 7.5　模拟控制

7.2.3　导入几何体

（1）在模型树中选中 Workpiece 选项，单击 [Geometry] 按钮，然后单击 [Import Geo...] 按钮，导入几何体，本例中选择安装目录下 V10-2\3D\LABS 的 IDS_gc_billet.STL 文件。

（2）单击 🔍 按钮，增加 Top Die，单击 [Geometry] 按钮，然后单击 [Import Geo...] 按钮，导入几何体，本例中选择安装目录下 V10-2\3D\LABS 的 IDS_gc_upset_top.STL 文件。

（3）单击 🔍 按钮，增加 Bottom Die，单击 [Geometry] 按钮，然后单击 [Import Geo...] 按钮，导入几何体，本例中选择安装目录下 V10-2\3D\LABS 的 IDS_gc_upset_bot.STL 文件。

全部导入以后的模型如图7.6所示。

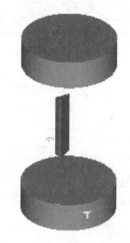

图7.6　全部导入以后的模型

7.2.4　定义初始温度

（1）选中物体 Workpiece，单击 [General] 按钮，物体类型（Object Type）采用默认的塑性体（Plastic）。单击 [Assign temperature...] 按钮，在弹出的对话框中输入1230，如图7.7所示，单击 [OK] 按钮，关闭对话框。

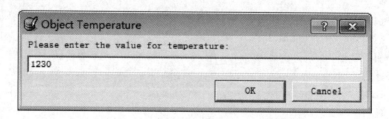

图7.7　温度设置

（2）选中物体 Top Die，单击 [General] 按钮，物体类型（Object Type）采用默认的刚性体（Rigid）。单击 [Assign temperature...] 按钮，在弹出的对话框中输入80，如图7.8所示，单击 [OK] 按钮，关闭对话框。

（3）选中物体 Bottom Die，单击 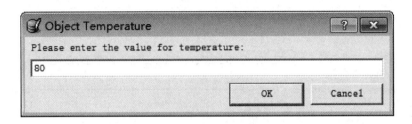 按钮，物体类型（Object Type）采用默认的刚性体（Rigid）。单击 Assign temperature... 按钮，在弹出的对话框中输入 80，单击 OK 按钮，关闭对话框。

图 7.8　上模温度设置

7.2.5　分配材料

单击 按钮，选择材料库中的 Steel→DIN - C35［1260 - 2020F（700 - 1100C）］，如图 7.9 所示，单击 Load 按钮加载。

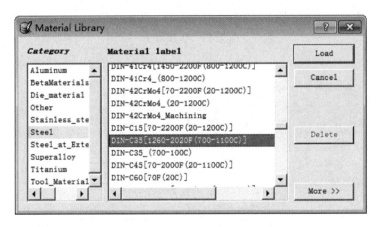

图 7.9　材料设置

7.2.6　定义工件网格

（1）在模型树中选中 Workpiece 选项，单击 Mesh 按钮，选择细节设置（Detailed Settings）选项卡中的权重因子（Weighting Factors）选项卡，设置权重因子：Surface Curvature 为 0.900，Temperature Distribution 为 0.000，Strain Distribution 为 0.100，Strain Rate Distribution 为 0.100，Mesh Density Windows 为 0.000。权重因子设置完成后如图 7.10 所示。

◇ 提示：如果不能准确拖动，接近时可利用左右方向键精确定位。

（2）选择 General 选项卡，网格划分类型选择绝对的（Absolute），尺寸比（Size Ratio）设为 1，最大单元尺寸（Max Element Size）设为 1mm，如图 7.11 所示。单击 Surface Mesh 按钮和 Solid Mesh 按钮，划分网格，所得坯料网格如图 7.12 所示。

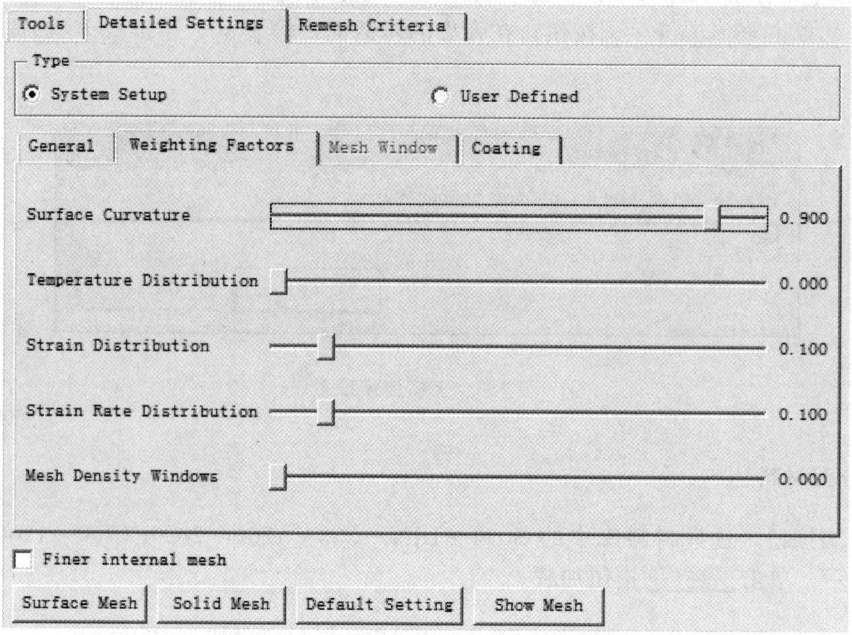

图 7.10　权重因子

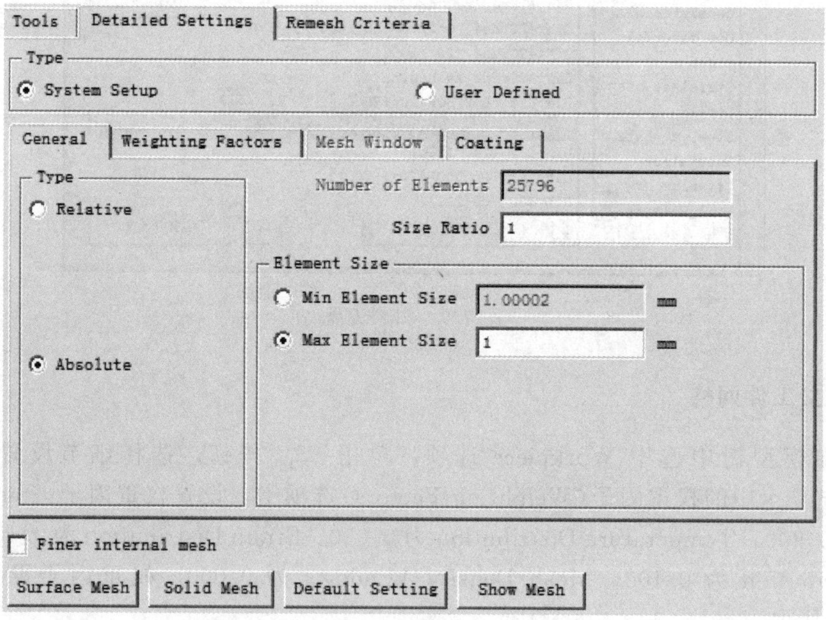

图 7.11　网格尺寸

◇ 提示：对于一个精确的模拟，应当使一个毫米内有 10 个单元的厚度。对于未变形的工件，初始网格单元设置为 1mm 足够描述其几何体。坯料划分网格采用绝对网格尺寸，设置最大网格尺寸为 1mm，尺寸比（最大尺寸比最小尺寸）为 1。这样的设置使单元数量在模拟前较少，因而几何体也相对简单。

图 7.12　坯料网格

（3）尺寸比（Size Ratio）设为 3，最小单元尺寸（Min Element Size）设为 0.33mm，如图 7.13 所示，但不重新生成新网格。

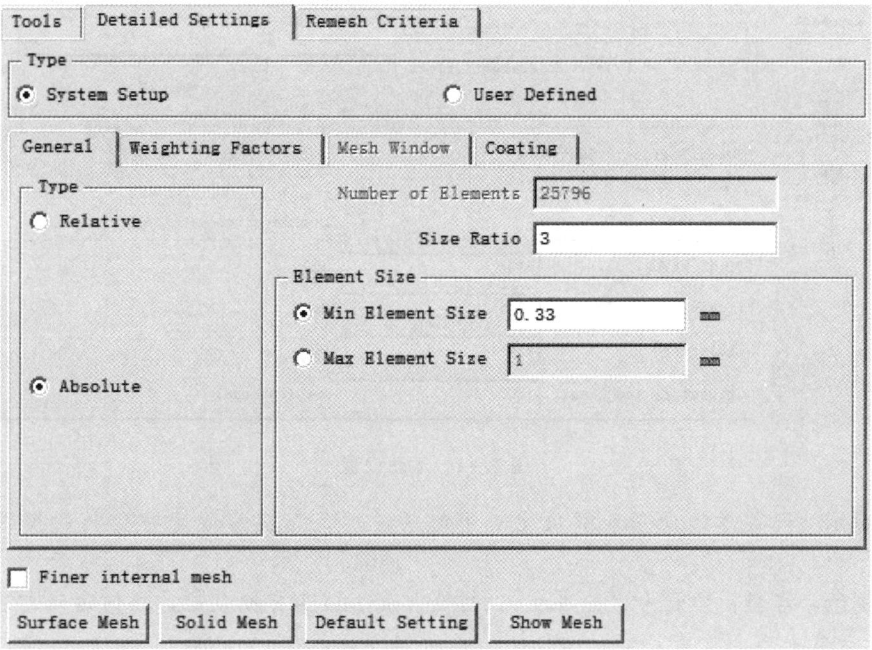

图 7.13　网格尺寸

◇ 提示：当几何体尺寸复杂时，网格尺寸比为 1 就不足以描述几何体了。模拟过程需要重新划分网格的时候，程序就会按照新的设置（尺寸比为 3，最小尺寸为 0.33mm，最大尺寸为 1mm）来重新划分网格，这样可以更清晰地描述坯料的几何变形。

7.2.7 定义工件 Billet 的边界条件

此工序只设置热边界条件，单击 ▦ Bdry Cnd 按钮，弹出对话框，在 BCC Type 下选择 Thermal 类中的 Heat Exchange with Environment 选项，选择除对称面之外的所有面，单击 ▦ 按钮，完成设置。

7.2.8 设置上模的运动

预成形是在机械压力作用下完成的，设备总行程是 270mm，打击速度为每分钟 85 次（每秒 1.4 次）。预锻打击将是 57.5mm(即 67mm－9.5mm)，连杆长度为 1500mm。

选中物体 Top Die，单击 ▦ Movement 按钮，选中 Mechanical press 单选按钮，设置 Total stroke 为 270mm，Forging stroke 为 57.5mm，Cycles/sec 为 1.4，Connecting rod length 为 1500mm，如图 7.14 所示。

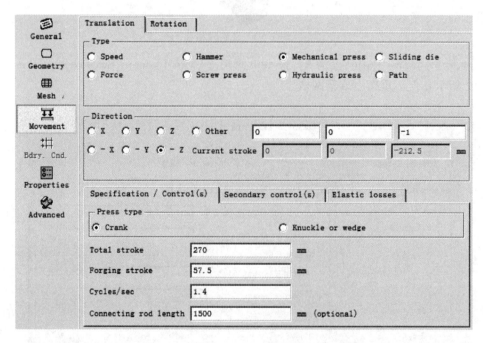

图 7.14　运动设置

◇ 提示：设备库的使用能够决定变形时的速度，而变形速度对金属的塑性有一定的影响。

◇ 提示：在模拟控制中，如果变形(Deformation)没有被激活，任何运动都不会起作用，物体位置也不会改变。

7.2.9 设置模拟控制的步数

单击 ▦ 按钮，弹出模拟控制对话框（Simulation Controls），单击 ▦ Step 按钮，设置 Number of Simulation Steps 为 14 步，Step Increment to Save 为 2，每步时间为 0.5s，如图 7.15 所示。

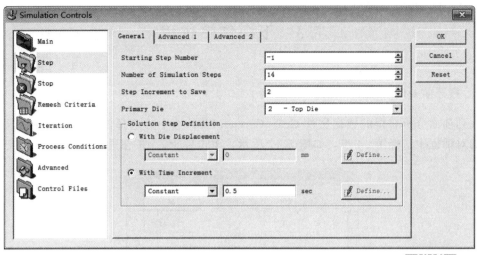

图 7.15　步数设置

7.2.10　检查生成数据库文件

在前处理控制窗口单击 按钮,在弹出的对话框中单击 Check 按钮检查,出现 ? No inter-object relations are defined 提示,不用理会。单击 Generate 按钮,生成模拟所需 DB 文件,然后单击 Close 按钮返回。单击 按钮,进入主窗口。

【KEY 文件下载-第 7 章】

7.2.11　模拟和后处理

在 DEFORM‑3D 的主窗口,选择 Simulator 中的 Run 选项开始模拟。

模拟完成后,选择 DEFORM‑3D Post 选项进入后处理,坯料温度如图 7.16 所示。

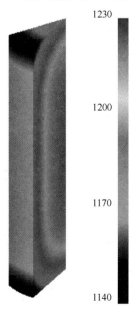

图 7.16　坯料温度

7.3 下模传热过程

7.3.1 打开前处理

找到前面分析获得的数据文件 Gear_Carrier. DB，选中后选择DEFORM-3D Pre选项，在弹出的对话框中选择第14步，如图7.17所示，单击 OK 按钮进入前处理。

图 7.17 步骤选择

7.3.2 设置模拟控制

（1）在前处理控制窗口单击 按钮，在弹出的 Simulation Controls 对话框中，把 Operation Name 改为 Dwell，Operation Number 改为2，如图 7.18 所示。

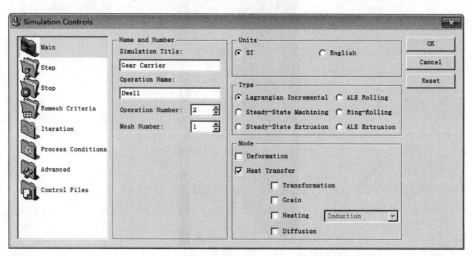

图 7.18 模拟控制

（2）单击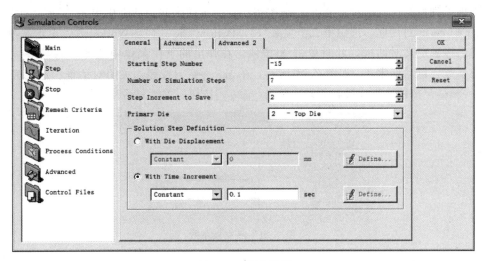Step按钮，设置 Number of Simulation Steps 为 7，Step Increment to Save 为 2，每步时间为 0.1s，如图 7.19 所示。

图 7.19　步数设置

7.3.3　定位坯料

单击按钮，在弹出的对话框中，方法（Method）选择自动干涉（Interference），定位物体（Positioning object）选择 1 - Workpiece，参考物体（Reference）选择 3 - Bottom Die，定位方向（Approach direction）选择－Z，干涉值（Interference）采用默认的 0.0001，如图 7.20 所示，单击 Apply 按钮应用，单击 OK 按钮，关闭对话框。

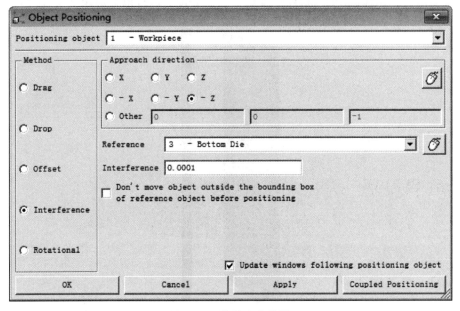

图 7.20　物体定位设置

◇ 提示：在不关心模具温度时，热传递也可以不划分模具网格和分配材料。

7.3.4　设置接触条件

在前处理控制窗口的右上角单击 按钮，在弹出的询问对话框中单击 Yes 按钮，弹出 Inter‑Object 对话框，选中第二个关系（3）Bottom Die‑（1）Workpiece，单击 Edit... 按钮，弹出接触定义对话框，此时单击 按钮，在弹出的下拉菜单中选择 Free resting 选项，热交换系数会自动给定 1，如图 7.21 所示，单击 Close 按钮，关闭对话框。定义完成后，单击 Generate all 按钮，生成接触关系，单击 OK 按钮，关闭对话框。

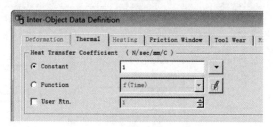

图 7.21　热交换系数

7.3.5　检查生成数据库文件

在前处理控制窗口单击 按钮，在弹出的对话框中单击 Check 按钮检查，会出现 Heat transfer coefficient between objects 1 and 2 is ZERO 提示，不用理会。单击 Generate 按钮，生成模拟所需 DB 文件，然后单击 Close 按钮返回。单击 按钮，进入主窗口。

7.3.6　模拟和后处理

在 DEFORM‑3D 的主窗口，选择 Simulator 中的 Run 选项开始模拟。

模拟完成后，选择 DEFORM-3D Post 选项进入后处理，坯料温度如图 7.22 所示。

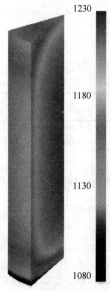

图 7.22　坯料温度

◇ 提示：由于下模没有划分网格和分配材料，不能获得温度值。

7.4 进行镦粗分析

7.4.1 打开前处理

找到前面分析获得的数据文件 Gear_Carrier.DB，选择 **DEFORM-3D Pre** 选项，在弹出的对话框中选择第 21 步，如图 7.23 所示，单击 **OK** 按钮，进入前处理。

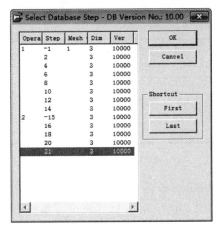

图 7.23 打开文件

7.4.2 设置模拟控制

（1）在前处理控制窗口单击 按钮，在弹出的 Simulation Controls 对话框中，把 Operation Name 改为 Upset，Operation Number 改为 3，变形（Deformation）和热传递（Heat Transfer）复选框全部被选中，如图 7.24 所示。设置上模（Top Die）为主模具（Primary）。

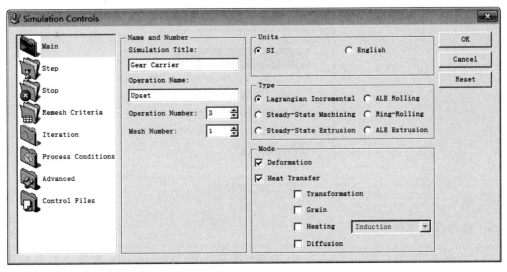

图 7.24 模拟控制

（2）单击 ![Step]按钮，设置 Number of Simulation Steps 为 120，Step Increment to Save 为 10，每步距离为 0.5mm，如图 7.25 所示。

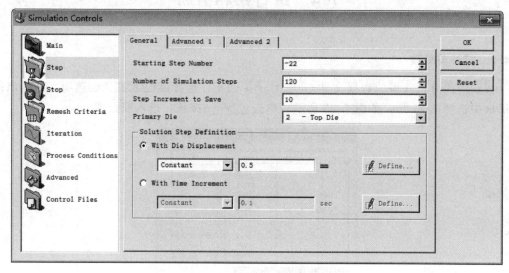

图 7.25　步数设置

◇ 提示：120 步每步 0.5mm，计算出来行程应该是 60mm，由于上模的运动设置为行程 57.5mm，所以主模具位移达到 57.5mm 时机械压力机就会走到—270mm 的下止点，上模不会继续下行。

7.4.3　设置坯料对称面

选中工件 Workpiece，单击 ![Bdry. Cnd.]按钮，选中 ![Symmetry plane]图标，分别选中坯料的对称面，并单击 ![按钮，增加(—0，1，0)和(—0.5，—0.866，—0)对称面。对称面设置完成后的设置区如图 7.26 所示。

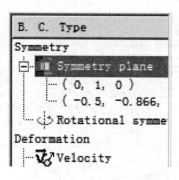

图 7.26　对称面

7.4.4　激活目标体积

（1）此时选中物体 Workpiece，单击 ![Properties]按钮，在 Deformation 选项卡的目标体积 (Target Volume)选项区域中选中 ![Active in FEM + meshing]单选按钮，如图 7.27 所示。

（2）单击 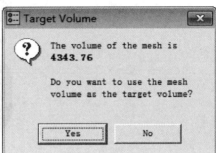 按钮，弹出目标体积对话框，如图 7.28 所示，单击 ⌊ Yes ⌋ 按钮。此时目标体积会自动复制到体积输入。

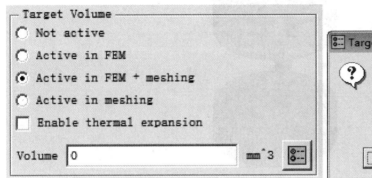

图 7.27　体积补偿　　　　　　　　　　　图 7.28　目标体积

7.4.5　定位上模

在前处理控制窗口的右上角单击 按钮，在弹出的对话框中，方法（Method）选择自动干涉（Interference），定位的物体（Positioning object）选择 2 - Top Die，参考物体（Reference）选择 Workpiece，定位方向（Approach direction）选择－Z，干涉值（Interference）采用默认的 0.0001，如图 7.29 所示，单击 ⌊ Apply ⌋ 按钮应用，单击 ⌊ OK ⌋ 按钮，关闭对话框。定位后的物体模型如图 7.30 所示。

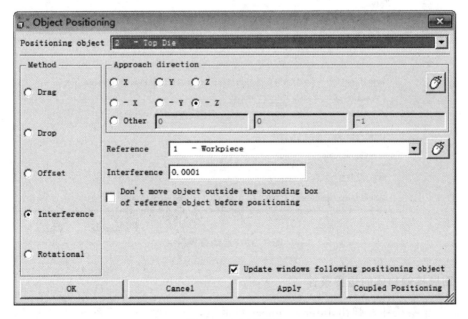

图 7.29　自动干涉

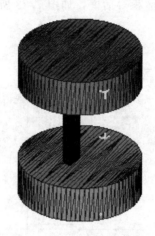

图 7.30　定位后的物体模型

7.4.6　检查上模运动设置

选中物体 Top Die，单击 按钮，确保运动设置如图 7.31 所示。

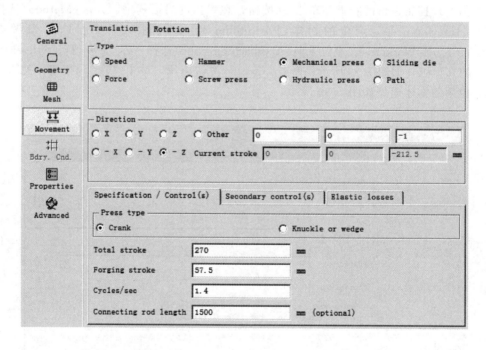

图 7.31　运动设置

7.4.7　回顾接触物体的边界条件

（1）单击 按钮，弹出 Inter-Object 对话框，选中唯一的关系（2）Top Die-（1）Workpiece，单击 按钮，弹出接触定义对话框，单击 按钮，在弹出的下拉菜单中

选择 `Hot forging (lubricated)` `0.3` 选项，摩擦因数系统会设为 0.3。

（2）选择 `Thermal` 选项卡，单击 `▾` 按钮，在弹出的下拉菜单中选择 `Forming` 选项，热传导系数（Constant）自动输入 5，如图 7.32 所示。单击 `Close` 按钮，关闭对话框。

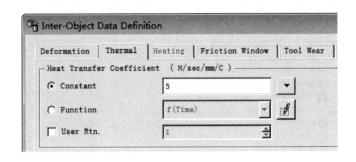

图 7.32 热传导系数

（3）接触关系对话框如图 7.33 所示，单击 `Apply to other relations` 按钮将（2）Top Die -（1）Workpiece 之间的关系复制到（3）Bottom Die -（1）Workpiece。

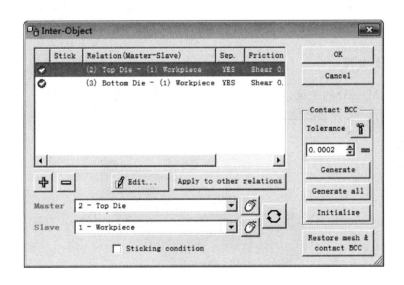

图 7.33 接触关系

（4）单击 `Generate all` 按钮，生成接触关系，完成后单击 `OK` 按钮，关闭对话框。

7.4.8 检查生成数据库文件

单击 🗄 按钮，在弹出的对话框（图 7.34）中单击 `Check` 按钮检查，单击 `Generate` 按钮，生成 DB 文件，单击 `Close` 按钮返回。单击 ▯ 按钮，进入主窗口。

◇ 提示：黄色问号可以在单击 按钮弹出的 Simulation Controls 对话框中单击 `Step` 按钮，选择 `Advanced 2` 选项卡，设置 `Maximum Time Step` 值后消除。

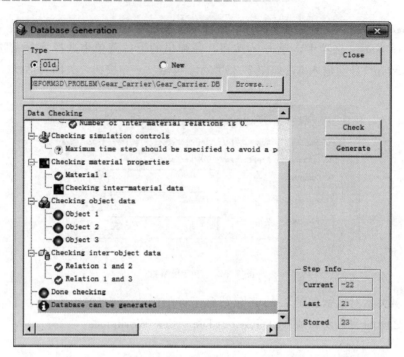

图 7.34　检查 DB 文件

7.4.9　模拟和后处理

在 DEFORM-3D 的主窗口，选择 Simulator 中的 **Run** 选项开始模拟。

模拟完成后，选择 **DEFORM-3D Post** 选项进入后处理。变形后的坯料（预锻物体）如图 7.35 所示。

图 7.35　变形后的坯料（预锻物体）

7.5　二次转移热传导分析

7.5.1　打开前处理

找到前面分析获得的数据文件 Gear_Carrier.DB，选中后选择 **DEFORM-3D Pre** 选项，在弹出的对话框中选择最后一步，如图 7.36 所示，单击 ▭ OK ▭ 按钮，进入前处理。

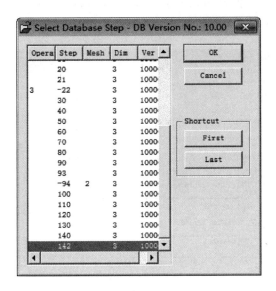

图 7.36　打开文件

◇ 提示：成形的过程会进行网格的重划分，会增加步骤，所以步骤会比预计的略有增加。

7.5.2　设置模拟控制

（1）在前处理控制窗口单击 ⚙ 按钮，在弹出的 Simulation Controls 对话框中，把 Operation Name 改为 Transfer2，Operation Number 改为 4，仅热传递（Heat Transfer）复选框被选中，如图 7.37 所示。

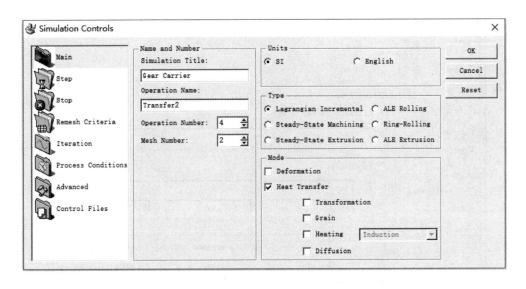

图 7.37　模拟控制

（2）单击按钮，设置 Number of Simulation Steps 为 6，Step Increment to Save 为 2，每步时间为 0.5s，如图 7.38 所示。

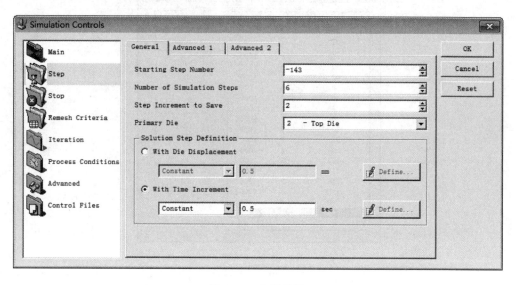

图 7.38　步数设置

7.5.3　模具的移动

（1）单击 按钮，在弹出的对话框中，方法（Method）选择偏置（Offset），定位的物体（Positioning Object）选择 2 - Top Die，在 Z 向输入 50，如图 7.39 所示，单击 Apply 按钮应用。

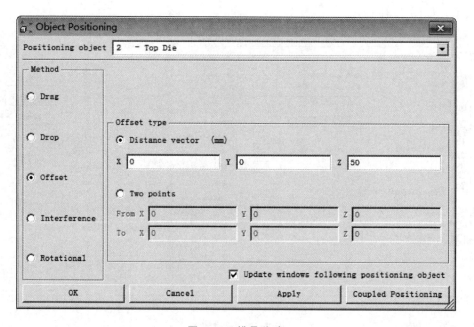

图 7.39　模具移动

（2）单击 🔘 按钮，在弹出的对话框中，方法（Method）选择偏置（Offset），定位的物体（Positioning Object）选择 3 – Bottom Die，在 Z 向输入 −50，如图 7.40 所示，单击 ⬜Apply⬜ 按钮应用，单击 ⬜OK⬜ 按钮，关闭对话框。定位后的模型如图 7.41 所示。

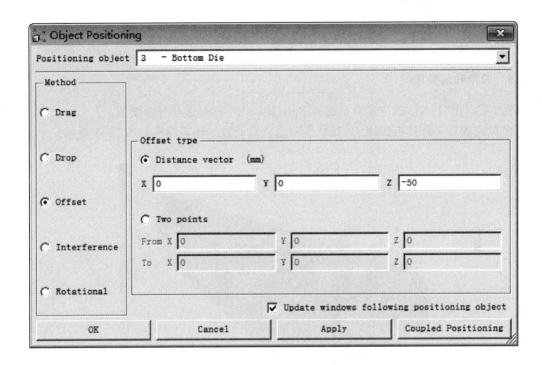

图 7.40　物体定位设置

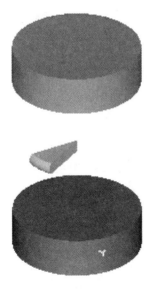

图 7.41　定位后的模型

◇ 提示：此工序环境可进行热交换，其实几何体不接触已经没有作用了，物体几何体会在下一工序被终锻模几何体代替，这里只是将其移开。

◇ 提示：接触关系虽然可以删除，但是在下一工序还需重新定义，所以这里保留它。

7.5.4 检查生成数据库文件

在前处理控制窗口单击 按钮，在弹出的对话框中单击 Check 按钮检查。检查完成后单击 Generate 按钮，生成 DB 文件，单击 Close 按钮返回。单击 按钮，进入主窗口。

7.5.5 模拟和后处理

在 DEFORM - 3D 的主窗口，选择 Simulator 中的 **Run** 选项开始模拟。

模拟完成后，选择 **DEFORM-3D Post** 选项进入后处理。坯料温度如图 7.42 所示。

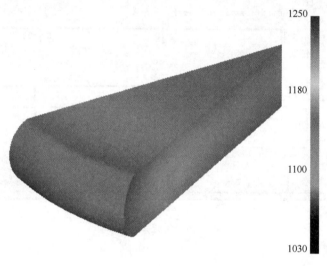

图 7.42 坯料温度

7.6 终锻成形

7.6.1 打开前处理

找到前面分析获得的数据文件 Gear_Carrier. DB，选中后选择 **DEFORM-3D Pre** 选项，在弹出的对话框中选择最后一步，如图 7.43 所示，单击 OK 按钮，进入前处理。

7.6.2 设置模拟控制

在前处理控制窗口单击 按钮，在弹出的 Simulation Controls 对话框中把 Operation Name 改为 Finish，Operation Number 改为 5，变形（Deformation）和热传递（Heat Transfer）复选框全部被选中，如图 7.44 所示，单击 OK 按钮，关闭对话框。

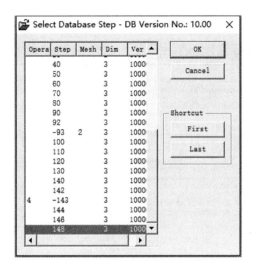

图 7.43　步骤选择

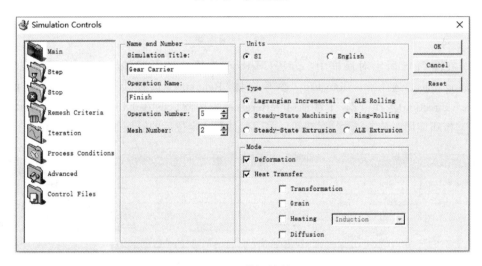

图 7.44　模拟控制

7.6.3　导入几何体

（1）选中物体 Top Die，单击 [Geometry] 按钮，然后单击 [Import Geo...] 按钮，导入几何体，本例中选择安装目录下 V10‐2\3D\LABS 的 IDS_gc_die. STL。

（2）选中物体 Bottom Die，单击 [Geometry] 按钮，然后单击 [Import Geo...] 按钮，导入几何体，本例中选择安装目录下 V10‐2\3D\LABS 的 IDS_gc_punch. stl。

◇提示：因为一个物体上只能有一个几何体，此几何体会将原来的几何体覆盖。

7.6.4　定位物体

（1）单击 按钮，在弹出的对话框中，方法（Method）选择自动干涉（Interference），定位物体（Positioning object）选择 1‐Workpiece，参考物体（Reference）选择 3‐Bottom Die，定位方向（Approach direction）选择－Z，干涉值（Interference）采用默认的 0.0001，

如图 7.45 所示，单击 [Apply] 按钮应用。

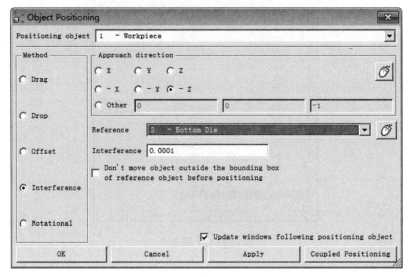

图 7.45　自动接触

（2）在图 7.45 所示对话框中，方法（Method）选择自动干涉（Interference），定位的物体（Positioning object）选择 2 - Top Die，参考物体（Reference）选择 1 - Workpiece，定位方向（Approach direction）选择-Z，干涉值（Interference）采用默认的 0.0001。如图 7.46 所示，单击 [Apply] 按钮应用，单击 [OK] 按钮，关闭对话框。定位后的模型如图 7.47 所示。

图 7.46　物体定位设置　　　　　　　　　　　图 7.47　定位后的模型

7.6.5　设置模具对称面

（1）选中物体 Top Die，单击 [Geometry] 按钮，选择 [Symmetric Surface] 选项卡，分别选中上模的对称面，并单击 [Add] 按钮，完成上模对称面设置，此时设置区如图 7.48 所示。

（2）选中物体 Bottom Die，单击 Geometry 按钮，选择 Symmetric Surface
选项卡，分别选中下模的对称面，并单击 Add 按钮，完成下模
对称面设置。

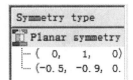

图 7.48　上模对称面

7.6.6　设置模具运动

选中物体 Top Die，单击 Movement 按钮，确保运动设置如图 7.49
所示。

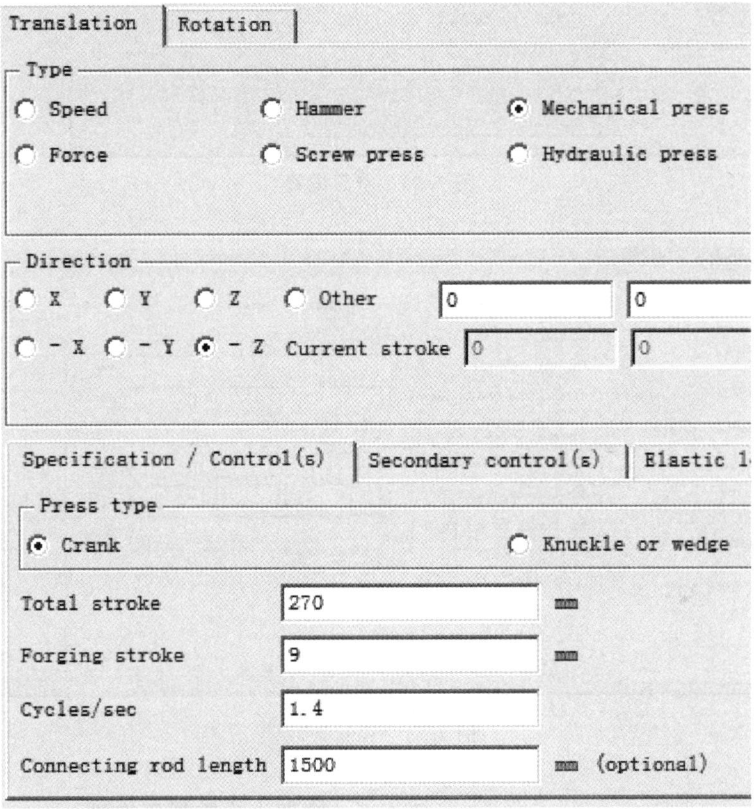

图 7.49　运动设置

7.6.7　接触条件生成

单击 按钮，弹出 Inter - Object 对话框，单击 Generate all 按钮，生成接触关系。单击
OK 按钮，关闭对话框。

◇ 提示：预锻工序的数据还保留，不需要重新输入。

7.6.8　设置步数及停止条件

（1）单击 按钮，在弹出的对话框中单击 Step 按钮，设置 Number of Simulation Steps
为 200，Step Increment to Save 为 10，每步距离为 0.05mm，如图 7.50 所示。

（2）单击 Stop 按钮，在 Max Load of Primary Die 的 Z 向输入 1e+06，如图 7.51 所示。

◇ 提示：当上模受力为 1×10^6 N 时模拟停止。

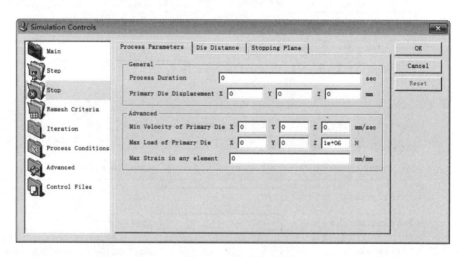

图 7.50　步数设置

图 7.51　停止条件

【齿轮托架
成形分析】

图 7.52　成形模型

7.6.9　检查生成数据库文件

在前处理控制窗口单击 按钮，在弹出的对话框中单击 Check 按钮检查，然后单击 Generate 按钮，生成 DB 文件，单击 Close 按钮返回。单击 按钮，进入主窗口。

7.6.10　模拟和后处理

在 DEFORM-3D 的主窗口中，选择 Simulator 中的 Run 选项开始模拟。

模拟完成后，选择 DEFORM-3D Post 选项。在 Step 窗口选择最后一步，切换显示模式，成形模型如图 7.52 所示。

应用案例7-1

档位齿轮(图7.53)是摩托车传动系统的重要零件,所用材料为20CrMnTi。档位齿轮的成形工艺关键是两端齿爪的精密体积成形。为此我们进行了计算机数值模拟分析,应用目前优秀的体积成形分析软件 DEFORM—3D 优化了档位齿轮的成形工艺。

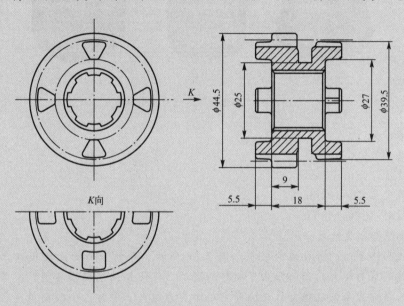

图 7.53 档位齿轮

(1)三维几何造型及技术处理

通过对产品结构的技术工艺分析,档位齿轮采用闭式温精锻成形工艺,锻件精化毛坯如图7.54所示,两端的8个异形齿爪通过温精锻直接成形,不再进行任何机械切削加工。而内控的花键齿和外圆的渐开线齿形通过后续的机械加工得到。体积成形过程采用刚塑性有限元数值模拟技术,因为坯料的弹性变形远远小于其塑性变形。

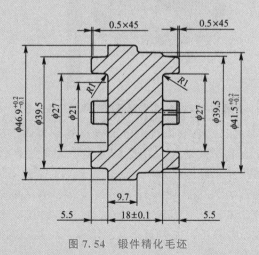

图 7.54 锻件精化毛坯

档位齿轮的三维几何模型如图 7.55 所示。坯料尺寸为 $\phi34.5336$。

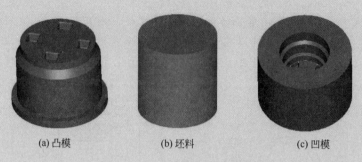

(a) 凸模　　　　　　(b) 坯料　　　　　　(c) 凹模

图 7.55　档位齿轮的三维几何模型

参数选择如下。

成形温度：820℃；

成形速度：16mm/s；

上模最大位移：100mm；

成形材料：20CrMnTi。

（2）数值模拟及结果分析

零件成形终了时的等效应力分布如图 7.56 所示。等效应力的最大值在零件的飞边处，飞边越高应力越大，因而阻止了材料的流动，促使金属充满模具型腔。等效应力在零件的齿爪根部圆角处也很大，而且圆角越小应力越大。同时过小的圆角半径，还会导致该处产生折叠缺陷。

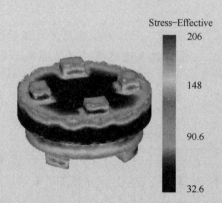

Stress-Effective

206

148

90.6

32.6

图 7.56　零件成形终了时的等效应力分布

图 7.57 所示为成形过程的负载曲线。该曲线大概分为四个阶段：第一阶段，从上模接触坯料开始，到完全接触坯料为止，变形力从 0 迅速上升到 250kN 左右；第二阶段，从上模完全接触坯料开始到圆柱体部分的镦粗成形基本结束为止，变形抗力在较大的行程内基本保持不变，从 250kN 增加到 450kN 左右；第三阶段，齿爪的基本成形和圆柱体的最终成形，行程不大，变形抗力增加很快，从 450kN 增加到 850kN 左右；第四阶段，成形终了阶段，行程小，变形抗力急剧增加，从 850kN 迅速增加到 2200kN 左右，比理论计算值 2500kN 约低。

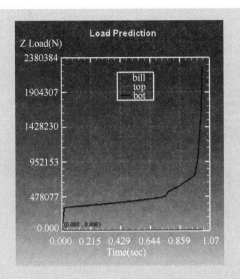

图 7.57　成形过程的负载曲线

（3）工艺实验研究

　　根据模拟分析结果，坯料的尺寸为 φ34.53362，最大变形抗力为 2200kN，在给定的工艺参数条件下，零件成形没有缺陷产生。为此，我们制作了一副简易成形模具，在 3150kN 液压机上进行工艺实验，其结果与数值模拟相吻合，成形零件如图 7.58 所示。

图 7.58　成形零件

▶ 资料来源：夏华，詹捷，胡建军，等. 档位齿轮精锻成形数值模拟与工艺研究.
现代制造工程，2005(3)：33－34.

综合习题

　　（1）Mechanical Press 表示 _____ 设备，Connecting Rod Length 表示设备的 _____。

　　（2）图标 ![Stop]📷stop 用来定义模拟的 _____。

　　（3）在模拟时为什么采用设备库？不同的设备对成形工艺有什么影响？

　　（4）停止条件的设置在模拟分析中有什么用？

第8章
模具应力分析

本章学习目标

★ 了解成形工艺模具受力分析的基本过程；
★ 掌握物体速度边界条件的设置；
★ 掌握物体反作用力的加载；
★ 掌握物体预紧力的加载。

本章教学要点

知识要点	能力要求	相关知识
模具受力分析	掌握模具受力分析的基本步骤	模具的类型设置、网格划分及边界条件
物体的速度边界	掌握模具受力中的固定设置	模具 Z 向的速度取零及编辑
物体受力的加载	掌握模具受力成形分析中坯料的反作用力	作用力的提取，容差的设置及比较
模具的预紧力	掌握模具间受预应力的设置	预紧力方向、大小及加载方法

导入案例

模具寿命的高低是衡量模具质量的重要指标之一。随着工业技术的发展，模具的工作条件日益苛刻，模具的使用寿命严重地影响着工业生产的发展，不仅影响产品的质量，而且还影响生产率和成本。因而提高模具的使用寿命受到了广泛的重视。

利用有限元模拟与模具疲劳寿命预测相结合的设计思想，通过采用有限元模拟方法对模具进行应力场分析，可以获得复杂成形条件下的模具应力应变分布，特别是对局部应力集中问题，采用局部应力应变法建立模具应力应变寿命估算模型，为成形工艺及模具优化设计提供了新的途径和方法。

本章通过对模具进行应力分析，使读者能够分析模具在坯料和其他支撑零件作用下的受力状况。

8.1 分 析 问 题

问题模型如图 8.1 所示，上模受到坯料的反作用力和预应力圈的预紧力，下模受到坯料的反作用力和下模板的作用力，分析上下模所受作用力，也就是道钉成形时模具的受力分析。

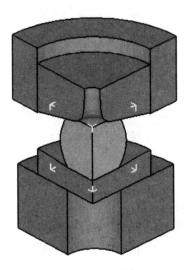

【模具应力】

【STL 文件下载-第 8 章】

图 8.1　问题模型

工艺参数(模型采用 1/4 来分析)如下。

单位：英制(English)

坯料材料(Material)：AISI - 1025

模具材料(Die Material)：AISI - H - 13

8.2　建立模型

8.2.1　新问题的建立

在 DEFORM-3D 的主窗口左上角单击 📄 按钮，在弹出的界面中，保持默认选项，连续单击 Next > 按钮，在下一个界面中输入问题名称（Problem Name）DieStress，如图 8.2 所示，单击 Finish 按钮，进入前处理模块。

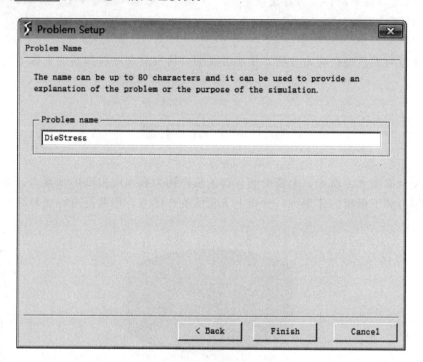

图 8.2　问题名称

8.2.2　载入数据文件中的计算步骤

这里将利用前面介绍的道钉（Spike）模拟预成形结束（第三工序）的工具进行模具应力分析。利用导入数据文件按钮 📥 载入 Spike.DB 文件（在 Problem\Spike 文件夹下面），并在弹出的对话框中选择第 90 步，如图 8.3 所示，单击 OK 按钮导入，导入的模型如图 8.4 所示。

8.2.3　设置模拟控制

（1）在前处理控制窗口单击 🔧 按钮，弹出 Simulation Controls 对话框，修改模拟名称和工序名称为 Die Stress，操作数为 1，保持英制单位，选中 Deformation（成形）复选框，取消选中 Heat Transfer（热传递）复选框，如图 8.5 所示。

（2）单击 🔧 Step 按钮，设置 Starting Step Number 为 -1，Number of Simulation Steps 为 6，Step Increment to Save 为 1，每步时间为 1s，如图 8.6 所示。

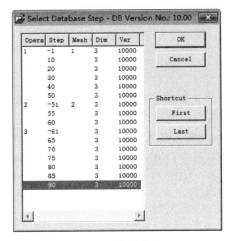

图 8.3 步骤选择

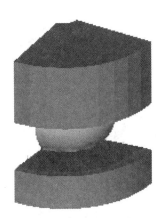

图 8.4 导入的模型

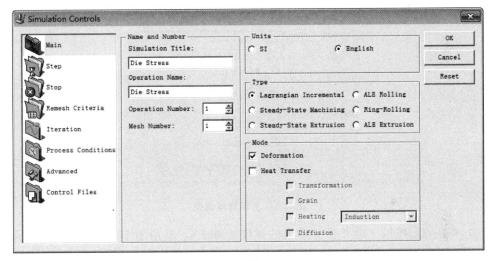

图 8.5 模拟控制

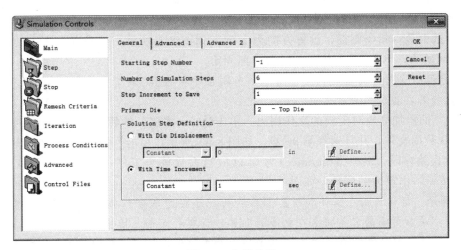

图 8.6 步数设置

◇提示：在模拟中添加两个支撑，分别和上下模接触，这样就会产生加工时的相互影响，需要多步模拟，零件才能达到平衡状态。

8.2.4 添加附加的工具和删除 Billet

（1）单击 🔍 按钮两次，在物体列表中添加两个附加的物体（Object4 和 Object5）。

（2）选中物体 Workpiece，使用删除按钮 🔍 直接删除即可。

◇提示：坯料的反作用力从 DB 文件导入，因此坯料模型并不需要。

◇提示：以上（1）和（2）顺序不能交换，不然会将删除的坯料 Workpiece 物体重新增加进来。

8.2.5 上模设置

（1）选中物体 Top Die，单击 General 按钮，物体类型（Object Type）选择为弹性体（Elastic），如图 8.7 所示。

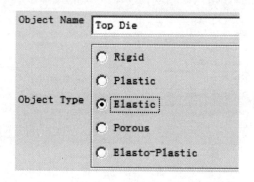

图 8.7　上模物体类型

（2）单击 Movement 按钮，定义在 Z 轴上的速度为 0in/s，取消原 DB 文件的运动定义，如图 8.8 所示。

（3）单击 Bdry Cnd 按钮，选中 Symmetry plane 图标，分别选择两个对称面并单击 ⊞ 按钮，增加对称面（0，−1，0）和（−1，0，0）。

（4）选中 Velocity 图标，设置方向为 Z 向，如图 8.9 所示，选择 Top Die 的上表面，如图 8.10 所示，单击 ⊞ 按钮，增加 Z 向固定。

◇提示：节点 Z 向固定相当于省了一个刚性平板模具（如工作台板），该边界条件是为了防止模具在施加外力时飞出。

（5）下面添加坯料对上模的反作用力，单击 Force 按钮，然后单击 Interpolate 按钮。找到 Spike.DB 数据文件，并且选择第 90 步，如图 8.11 所示，单击 Next ＞ 按钮，如图 8.12 所示，设置误差容限（Error Tolerance）为 0.1（应当大致等于工件一个单元的尺寸），单击 Finish 按钮，出现力的信息，如图 8.13 所示。

◇提示：显示作用在工件和模具上的载荷。这些力不会精确相等，容差会在一定程度上控制。施加更高的容差将会在更多的 Billet 面单元节点上插值计算载荷，提高模具上的插值计算力。只要作用在工件和模具上的力相当接近，插值计算就趋近于成功。

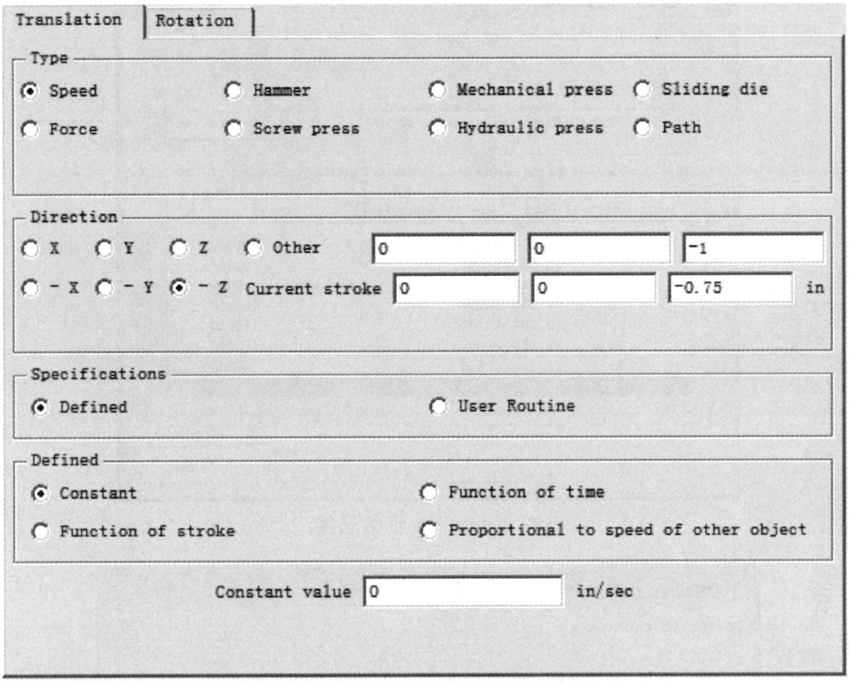

| Translation | Rotation |

Type
- ◉ Speed
- ○ Force
- ○ Hammer
- ○ Screw press
- ○ Mechanical press
- ○ Hydraulic press
- ○ Sliding die
- ○ Path

Direction
- ○ X ○ Y ○ Z ○ Other | 0 | 0 | -1 |
- ○ -X ○ -Y ◉ -Z Current stroke | 0 | 0 | -0.75 | in

Specifications
- ◉ Defined
- ○ User Routine

Defined
- ◉ Constant
- ○ Function of stroke
- ○ Function of time
- ○ Proportional to speed of other object

Constant value | 0 | in/sec

图 8.8　运动设置

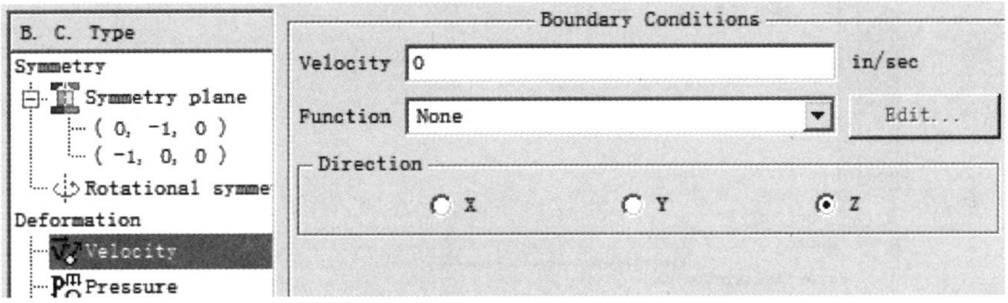

B. C. Type

Symmetry
- Symmetry plane
  - (0, -1, 0)
  - (-1, 0, 0)
- Rotational symme
Deformation
- Velocity
- Pressure

Boundary Conditions

Velocity | 0 | in/sec
Function | None ▾ | Edit...

Direction
- ○ X   ○ Y   ◉ Z

图 8.9　速度边界

图 8.10　速度边界选择

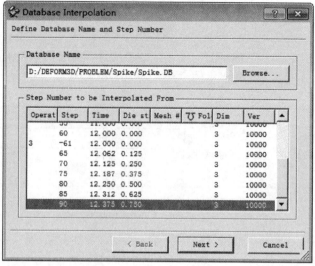

图 8.11　DB 步数选择

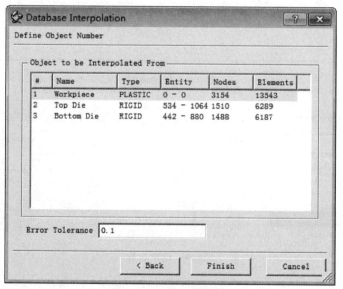

图 8.12　上模容差设置

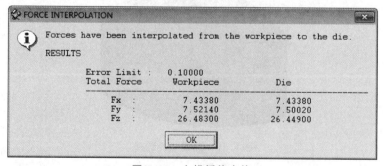

图 8.13　上模插值力值

（6）单击 按钮，使上模透明，上模插值载荷如图 8.14 所示。

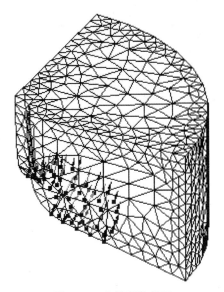

图 8.14　上模插值载荷

8.2.6　下模设置

（1）选中 Bottom Die，单击 General 按钮，物体类型（Object Type）选择为弹性体（Elastic）。

（2）单击 Bdry. Cnd. 按钮，选中 Symmetry plane 图标，分别选择两个对称面并单击 按钮，增加对称面（0，－1，0）和（－1，0，0）。

（3）下面添加坯料对下模的反作用力，单击 Force 按钮，然后单击 Interpolate 按钮。找到 Spike.DB 数据文件，并且选择第 90 步，如图 8.15 所示，单击 Next > 按钮，下模容差设置如图 8.16 所示，设置误差容限（Error Tolerance）为 0.1，单击 Finish 按钮，出现力的信息，下模插值力值如图 8.17 所示。

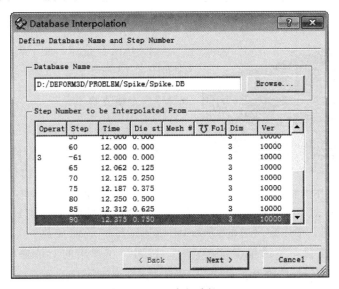

图 8.15　步数选择

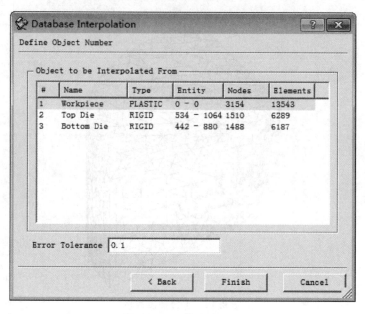

图 8.16　下模容差设置

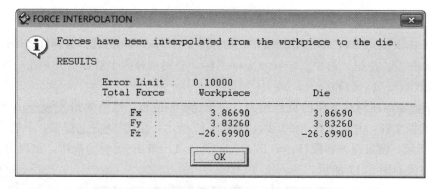

图 8.17　下模插值力值

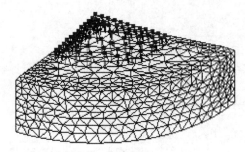

图 8.18　下模插值载荷

(4) 单击 按钮,使下模透明,下模插值载荷如图 8.18 所示。

8.2.7　上模支撑

(1) 选中物体 Object4,单击 General 按钮,在 Object Name 处将 Object4 修改为 Upper Support,单击 Change 按钮,物体树上的名称将由 Object4 改为 Upper Support,物体类型(Object Type)选择为弹性体(Elastic)。

(2) 单击 按钮,单击定义过的 AISI-H-13[1450-1850F(800-1000C)] 加载。

(3) 单击 Geometry 按钮,然后单击 Import Geo... 按钮,在弹出的对话框中选择安装目录下 V10-2\3D\LABS 的 UpperSupport. STL 文件导入。

(4) 单击 Mesh 按钮,选择 Detailed Settings 选项卡,选择绝对(Absolute)尺寸设置,最小单

元尺寸（Min Element Size）为 0.15，尺寸比（Size Ratio）为 1，如图 8.19 所示，单击 `Surface Mesh` 和 `Solid Mesh` 按钮划分网格。

General	Weighting Factors	Mesh Window	Coating

Type
- ○ Relative
- ○ Absolute

Number of Elements 31996

Size Ratio 1

Element Size
- ⊙ Min Element Size 0.15 in
- ○ Max Element Size 0.122831 in

图 8.19　网格设置

（5）单击 `Bdry. Cnd.` 按钮，选中 `Symmetry plane` 图标，分别选择两个对称面并单击 按钮，增加对称面(0，−1，0)和(−1，0，0)。

（6）选中 `Velocity` 图标，设置方向为 Z 向，选择上模支撑（Upper Support）的上表面，如图 8.20 所示，单击 按钮，增加 Z 向固定。

（7）单击 `Shrink Fit` 按钮，Interference 设为 0.004，方法选项区域中 Vector 的 Z 输入 1，如图 8.21 所示，选择上模支撑的内表面（体积收缩面），如图 8.22 所示，单击 按钮加载，弹出询问对话框如图 8.23 所示，单击 `No` 按钮，完成设置。

图 8.20　速度边界选择

B. C. Type

Symmetry
- Symmetry plane
  - (0, -1, 0)
  - (-1, 0, 0)
- Rotational symme

Deformation
- Velocity
- Pressure
- Force
- Movement
- Shrink Fit
- Contact

Boundary Conditions

Interference 0.004 in

Define method
- ⊙ Cylindrical

	X	Y	Z
Origin	0	0	0
Vector	0	0	1

- ○ Surface perpendicular

图 8.21　体积收缩设置

◇ 提示：Shrink Fit 为预紧的体积收缩比定义，这里体积收缩为径向收缩，因此需要定义一个轴和一个点。在这个分析中，(0，0，0)点是模具中心，Z轴是对象的轴线。如果考虑内部对象收缩，其数值应该是负值；而对于外部对象的体积收缩，其值应该是正的。

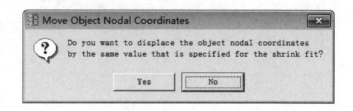

图 8.22　体积收缩面　　　　　　　　　　　图 8.23　询问对话框

◇ 提示：为了更好地观察收缩比的应用，可单击  按钮，然后单击 按钮，如图 8.24 所示。单击位移（Displacement）旁边的按钮 预览收缩比在 Upper Support 上的应用（让对象 Surface Patch 显示），如图 8.25 所示。

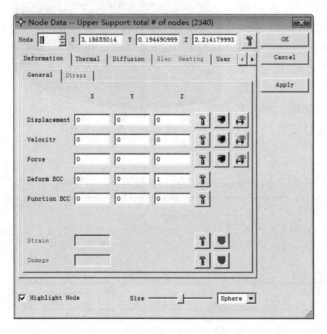

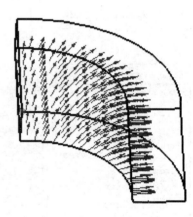

图 8.24　节点资料　　　　　　　　　　　　图 8.25　收缩显示

8.2.8　下模支撑

（1）选中物体 Object5，单击 按钮，在 Object Name 处将 Object5 修改为 Lower Support，单击 Change 按钮，物体树上的名称将由 Object5 改为 Lower Support，物体类型（Object Type）选择为弹性体（Elastic）。

（2）单击 按钮，单击定义过的 AISI-H-13[1450-1850F(800-1000C)] 加载。

（3）单击 Geometry 按钮，然后单击 Import Geo... 按钮，在弹出的对话框中选择安装目录下 V10‒2\3D\LABS 的 LowerSupport. STL 文件导入。

（4）单击 Mesh 按钮，选择 Detailed Settings 选项卡，选择绝对 (Absolute) 尺寸设置，最小单元尺寸（Min Element Size）为 0.15，尺寸比（Size Ratio）为 1，单击 Surface Mesh 按钮和 Solid Mesh 按钮，完成风格划分。

（5）单击 Bdry. Cnd. 按钮，选中 Symmetry plane 图标，分别选择两个对称面并单击 按钮，增加对称面（0，‒1，0）和（‒1，0，0）。

（6）单击 Velocity 按钮，设置方向为 Z 向，选择下模支撑（Lower Support）的下表面，如图 8.26 所示，单击 按钮，增加 Z 向固定。

图 8.26　速度边界设置

8.2.9　定义接触关系

单击 按钮，弹出物体关系（Inter‒Object）对话框，单击 按钮两次，增加两个物体接触关系，分别定义（4）Upper Support ‒（2）Top Die 和（5）Lower Support ‒（3）Bottom Die 为主从关系（Master‒Slave），摩擦因数设置为 0.3，如图 8.27 所示。单击 按钮，然后单击 Generate all 按钮，生成接触关系，如图 8.28 所示。

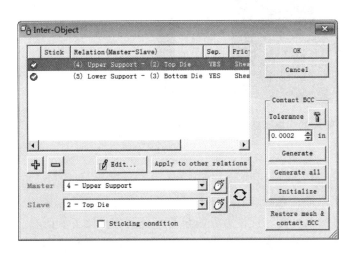

图 8.27　关系定义

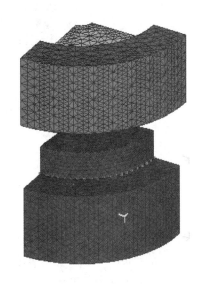

图 8.28　物体关系

8.2.10　检查生成数据库文件

单击 按钮，保存数据为 DieStress. KEY，单击 按钮，在弹出的对话框中单击 Check 按钮检查，单击 Generate 按钮，生成数据库，单击 Close 按钮返回。单击 按钮，进入主窗口。

【KEY 文件下载‒第 8 章】

8.3　模拟和后处理

（1）在 DEFORM - 3D 的主窗口，选择 Simulator 中的 **Run** 选项开始模拟。

（2）模拟完成后，选择 **DEFORM-3D Post** 选项进入后处理控制窗口。

（3）在步数选择下拉列表框中选择 Step6 选项，当变量选为 Stress - Effective 时，模具受力如图 8.29 所示。

【模具应力
分析】

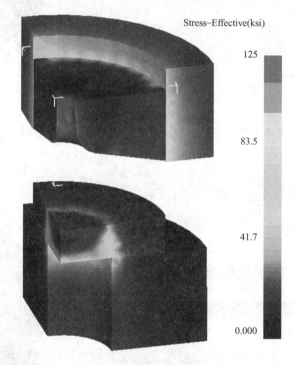

图 8.29　模具受力

　　目前精冲模具的失效分析还主要停留在对事后的分析和主观判断上，防止模具失效的主要方法是增大模具的壁厚，采用强度更高、价格更贵的模具材料。这样做虽然能在一定程度上提高模具寿命，但并不能真正达到降低模具成本的目的。模具强度的好坏通常是以模具应力水平作为判据，而一般模具应力是根据理论公式计算得到，或是通过转化的实验模型（如光弹性模型）的测量获得。前者误差较大；后者测量困难，消耗大，不利于推广。

　　在精冲过程中，影响工件和模具应力场的因素很多。这里主要从凹模圆角半径、凸凹模间隙、压边力/反顶力的改变分析工件和模具应力场的变化，并在此基础上进行模具寿命的估算。

(1) 建模

选用厚度为 3mm、直径为 20mm 的圆形件精冲成形, 材料为 AISI－21010 钢。按照精冲技术手册的经验数据, 模具各参数的设计如下: 凹模圆角半径为 0.3～0.5mm, 凸凹模间隙为 0.03～0.06mm, 压边力为 9000N, 反顶力为 1400～1600N。采用 UG 建立精冲成形过程模拟模型, 利用 1/8 模型进行计算, 建立的精冲模型布局如图 8.30 所示。板料设为变形体, 凸模、凹模、齿圈、反顶杆均设为刚体。

(2) 成形过程

首先是 V 形齿圈压下的过程, 这一过程的目的是创造坯料的三向压应力的受力条件, 待 V 形齿全部进入坯料, 齿圈将停止下行, 并在其上施加一定的压边力。

然后, 使反顶杆冲模接触工件, 冲模下压, 反顶杆上顶, 分别施加一定的压力。冲模以一定的速度下行, 直至坯料完全分离, 完成精冲过程。为模拟凸模的应力分布, 对凸模进行网格划分, 并建立弹塑性的力学模型, 如图 8.31 所示。图 8.32 所示为分离后的坯料余料。

图 8.30　精冲模型布局

图 8.31　弹塑性的力学模型

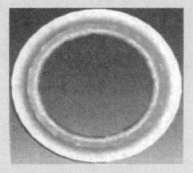

图 8.32　分离后的坯料余料

(3) 凸模应力分析

凸模应力分布如图 8.33 所示。可以看出, 凸模存在严重的应力集中, 且高应力区主要集中在凸模刃口部位, 凸模最大等效应力为 1420MPa。

图 8.33　凸模应力分布

为研究各个工艺参数对凸模最大主应力的影响，对各参数进行了正交试验。图8.34所示为凹模圆角半径为0.3mm，压边力/反顶力为9000N/1600N固定不变时，凸模最大等效应力与凸凹模间隙的关系曲线。最大等效应力随凸凹模间隙的变化非常敏感，由图8.34中可以看出，当凸凹模间隙低于0.03mm时，凸模最大等效应力急剧升高。

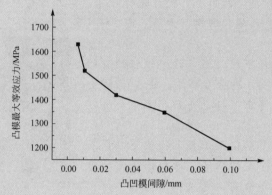

图8.34　凸模最大等效应力与凸凹模间隙的关系曲线

图8.35所示为固定其他参数时，凸模最大等效应力与凹模圆角半径的关系曲线。由图8.35可以看出，当凹模圆角半径小于0.3mm时，凸模最大等效应力急剧升高。图8.36所示为固定其他参数时，凸模最大等效应力与反顶力的关系曲线。由图8.36可见，反顶力对精冲凸模的最大等效应力影响很小。

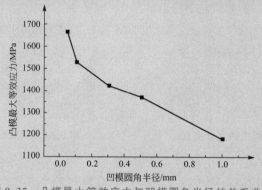

图8.35　凸模最大等效应力与凹模圆角半径的关系曲线

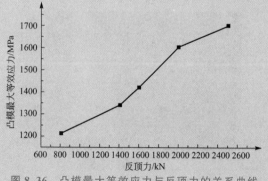

图8.36　凸模最大等效应力与反顶力的关系曲线

（4）凸模应变分析

图 8.37 所示为凹模圆角半径为 0.3mm 时，凸凹模间隙为 0.03mm，压边力/反顶力为 9000N/1600N 条件下的凸模压力行程曲线。可以看出，在冲模刚下行时，材料沿着凹模圆角流动，故流动应力必然迅速升高；当大约下行到坯料厚度的 1/3 时，随着剩余坯料厚度的减少，冲模压力开始减小。在整个过程中可以看出，凸模最大挤压力出现在行程的 1/3 处。

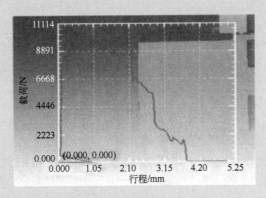

图 8.37　凸模压力行程曲线

图 8.38 所示为相同条件下，凸模最大等效应力与凸模行程关系曲线。可以看出，在精冲力增大的过程中，凸模等效应力也随之增大。

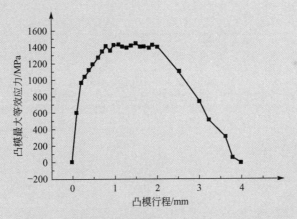

图 8.38　凸模最大等效应力与行程的关系曲线

资料来源：程然，胡建华，黄尚宇，等. 基于有限元分析的精冲凸模寿命估算. 塑性工程学报，2010，17(3)：119-123.

综合习题

（1）图标 ![Velocity] 用来定义物体的＿＿＿＿＿。

（2）图标 ![Interpolate] 用来定义模拟的＿＿＿＿＿。

（3）图标Shrink Fit用来定义物体的_____。

（4）模拟的预应力圈对模具的受力有什么影响？

（5）如何从工艺的角度降低模具受力？

（6）为何让模具在一定的方向节点固定？能否采用其他方法？

第三篇

成形工艺分析实例

第9章
Wizard 的使用

本章学习目标

★ 了解成形过程中使用 Wizard 的基本设置过程；
★ 了解常规设置和利用 Wizard 设置成形分析的优缺点。

本章教学要点

知识要点	能力要求	相关知识
Forming Wizard 分析过程	掌握利用 Wizard 分析成形的基本步骤	基本设置，物体的设置，关系的设置
Wizard 分析的特点	掌握利用 Wizard 分析成形的编辑	参数和物体的改变，对比普通分析的优缺点

导入案例

Wizard 就是将各种常见成形工艺按照它们的工艺特点，做成流程式的操作，拥有专用的智能化用户界面，能够帮助用户选择单元形态，分析流程，判断分析结果等，使用户使用 CAE 软件，就像使用"傻瓜"相机一样，具有一按即得的功效。

本章主要通过一个基本的锻压模拟案例，使读者了解 DEFORM-3D 利用 Wizard 功能进行塑性成形模拟的基本过程。

9.1 问 题 分 析

【STL 文件下载-第9章】

本章分析案例和第 4 章案例相同，这里略，只是让大家了解其基本过程。需要说明的是，无论是 Forming 还是 Die Stress Analysis 等 Wizard 模块实现的功能，DEFORM-3D Pre 都可以实现，只是 Wizard 为批处理式的操作，使用更简洁，但适应性不如 DEFORM-3D Pre，用户可以根据自己的实际情况选用。

9.2 建 立 模 型

9.2.1 创建一个新的问题

(1) 在 DEFORM-3D 的主窗口左上角单击 按钮，创建新问题。

(2) 在弹出的问题类型(Problem Type)界面中选中成形(Forming)单选按钮，如图 9.1 所示，单击 Next > 按钮。

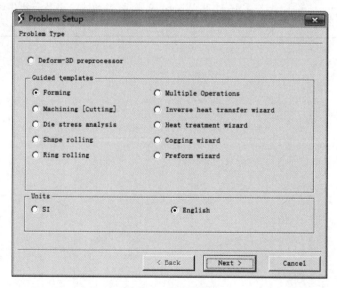

图 9.1 问题设置

（3）在问题位置界面中使用默认选项（第一个选项），然后单击 Next > 按钮。

（4）在下一个界面中默认名称（Problem Name）为 FORMING，如图 9.2 所示，单击 Finish 按钮，进入前处理模块。

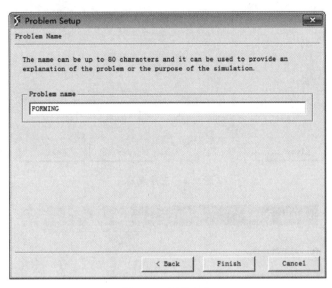

图 9.2　问题名称

9.2.2　基本设置

（1）在工程（Project）窗口设置默认名称（Title）为 FORMING，单位（Unit system）为英制（English），如图 9.3 所示，单击 Next > 按钮。

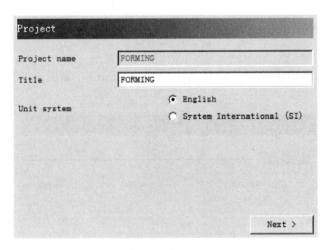

图 9.3　模拟名称

（2）工序名称（Operation Name）默认为 Operation 1，如图 9.4 所示，单击 Next > 按钮。

（3）工艺类型（Process Type）选中 Cold forming 单选按钮，如图 9.5 所示，单击 Next > 按钮。

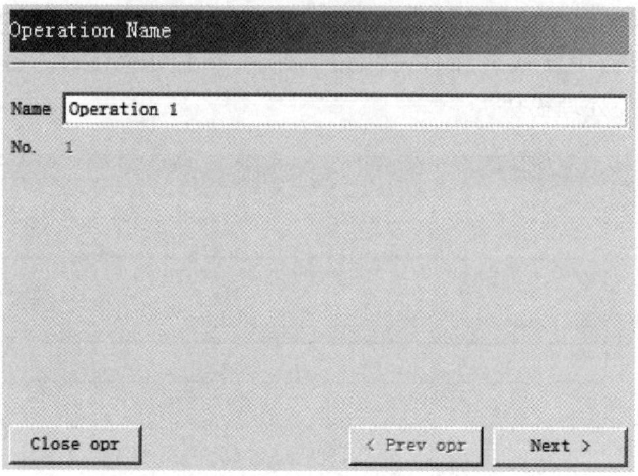

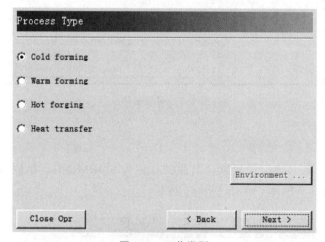

图9.4　工序名称

图9.5　工艺类型

（4）形状复杂程度和准确度选项默认中等（Moderate），如图 9.6 所示，单击 `Next >` 按钮。

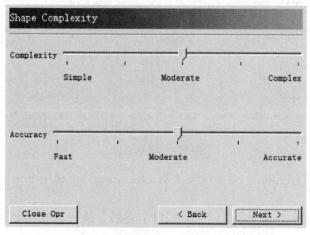

图9.6　形状复杂程度和准确度

（5）在坯料形状窗口选中整体（Whole part）单选按钮，如图 9.7 所示，单击 `Next >` 按钮。

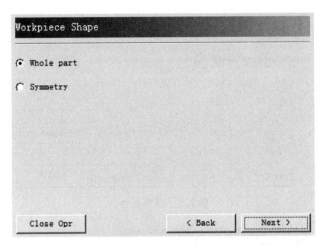

图 9.7　坯料形状

（6）在物体数目窗口（Number of Objects）选中一个坯料和两个模具（1 workpiece - 2 dies）单选按钮，如图 9.8 所示，单击 `Next >` 按钮。

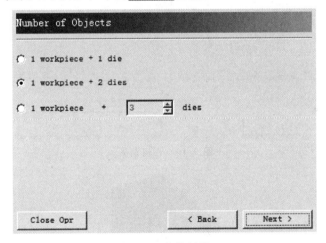

图 9.8　物体数目

9.2.3　坯料设置

（1）在物体窗口默认名称为 Workpiece，单击 `Next >` 按钮，如图 9.9 所示。

（2）在几何窗口单击 `Import geometry` 按钮，如图 9.10 所示，导入安装目录下 V10 - 2\3D\LABS 的 Block_Billet. STL 文件，导入文件，单击 `Next >` 按钮，如图 9.11 所示。

（3）在网格划分窗口将网格数目改为 8000，如图 9.12 所示。单击 `Generate mesh` 按钮，生成的网格如图 9.13 所示，单击 `Next >` 按钮。

（4）在材料窗口单击 `Import material from library` 按钮，如图 9.14 所示。选择材料库中的 Steel→AISI - 1045,COLD [70F(20C)]，如图 9.15 所示，单击 `Load` 按钮加载，然后单击 `Next >` 按钮。

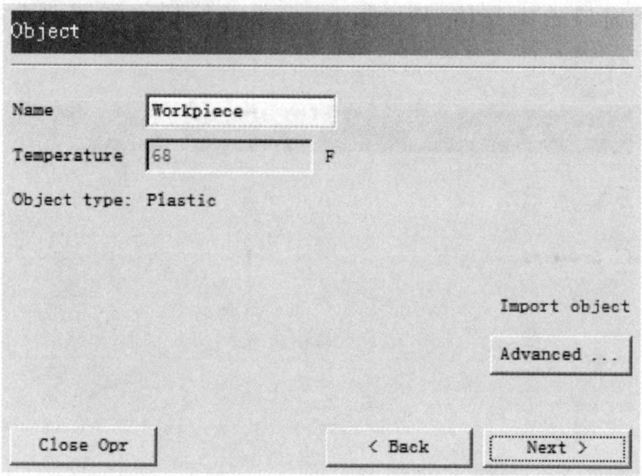

Object

Name Workpiece

Temperature 68 F

Object type: Plastic

Import object

Advanced ...

Close Opr < Back Next >

图 9.9 坯料属性

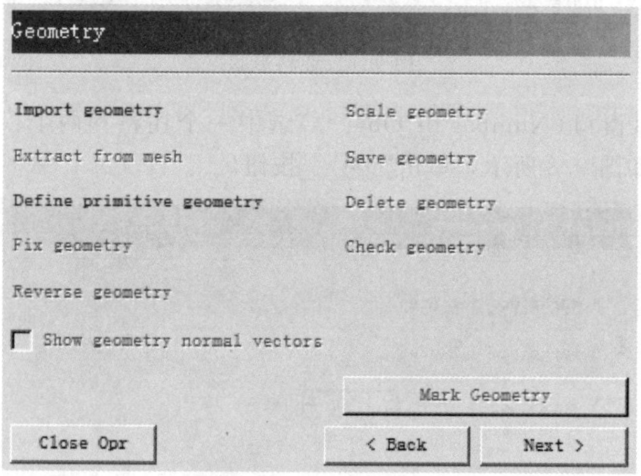

Geometry

Import geometry Scale geometry

Extract from mesh Save geometry

Define primitive geometry Delete geometry

Fix geometry Check geometry

Reverse geometry

☐ Show geometry normal vectors

Mark Geometry

Close Opr < Back Next >

图 9.10 几何输入

图 9.11 坯料几何体

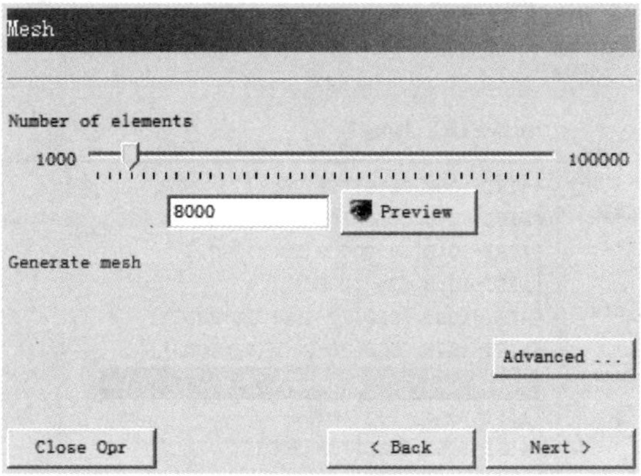

Mesh

Number of elements

1000   100000

8000   ✹ Preview

Generate mesh

Advanced ...

Close Opr   < Back   Next >

图 9.12　网格设置

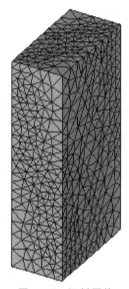

图 9.13　坯料网格

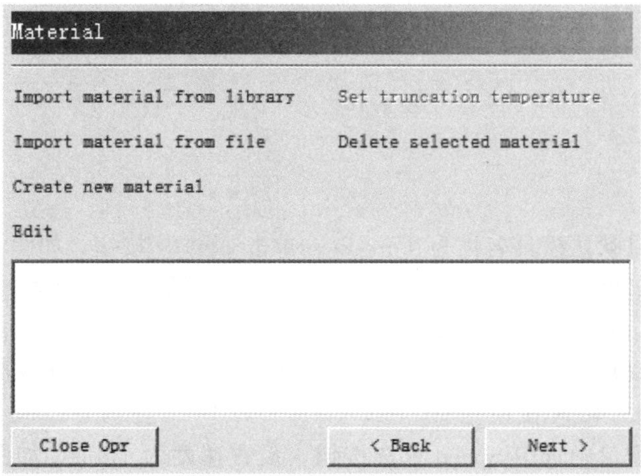

Material

Import material from library   Set truncation temperature

Import material from file   Delete selected material

Create new material

Edit

Close Opr   < Back   Next >

图 9.14　材料选择

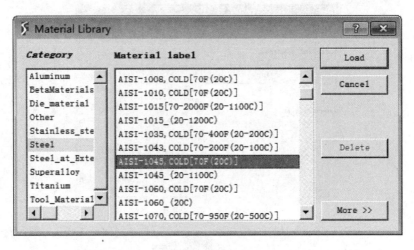

图 9.15　材料库

（5）在边界状况窗口默认不做处理，单击 Next > 按钮，完成设置，如图 9.16 所示。

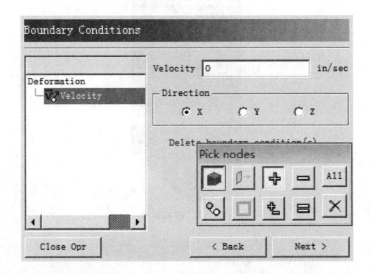

图 9.16　边界状况

9.2.4　上模设置

（1）在物体窗口默认模具名称为 Top die，单击 Next > 按钮，如图 9.17 所示。

（2）在几何窗口单击 Import geometry 按钮，如图 9.18 所示，导入安装目录下 V10-2\3D\LABS 的 Block_Top Die. STL 文件，导入的几何体如图 9.19 所示，单击 Next > 按钮。

（3）在运动窗口默认－Z 方向，如图 9.20 所示，单击 Next > 按钮，弹出对话框，如图 9.21 所示，单击 Yes 按钮。

（4）在出现的窗口中选中 Speed 单选按钮，设置速度为 1in/s，如图 9.22 所示，单击 Next > 按钮。

```
┌─────────────────────────────────────────────┐
│ Object                                        │
├─────────────────────────────────────────────┤
│                                               │
│  Name          ┌──────────────┐               │
│                │ Top die      │               │
│                └──────────────┘               │
│  Temperature   ┌──────────────┐  F            │
│                │ 68           │               │
│                └──────────────┘               │
│  Object type:  Rigid                          │
│                                               │
│                                               │
│                                               │
│                              Import object     │
│                                               │
│                                               │
│  ┌───────────┐      ┌──────────┐ ┌──────────┐ │
│  │ Close Opr │      │ < Back   │ │ Next >   │ │
│  └───────────┘      └──────────┘ └──────────┘ │
└─────────────────────────────────────────────┘
```

图 9.17 上模属性

```
┌─────────────────────────────────────────────┐
│ Geometry                                      │
├─────────────────────────────────────────────┤
│                                               │
│  Import geometry           Scale geometry      │
│                                               │
│  Extract from mesh         Save geometry       │
│                                               │
│  Define primitive geometry Delete geometry     │
│                                               │
│  Fix geometry              Check geometry      │
│                                               │
│  Reverse geometry                             │
│                                               │
│  ☐ Show geometry normal vectors               │
│                                               │
│                          ┌─────────────────┐  │
│                          │  Mark Geometry  │  │
│                          └─────────────────┘  │
│  ┌───────────┐      ┌──────────┐ ┌──────────┐ │
│  │ Close Opr │      │ < Back   │ │ Next >   │ │
│  └───────────┘      └──────────┘ └──────────┘ │
└─────────────────────────────────────────────┘
```

图 9.18 几何输入

图 9.19 上模几何体

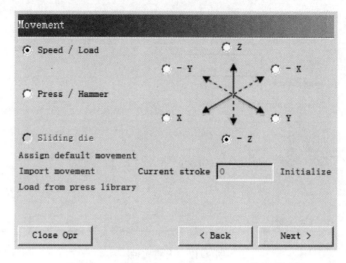

图 9.20　运动方式

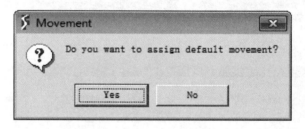

图 9.21　询问对话框

图 9.22　运动设置

9.2.5　下模设置

（1）在物体窗口默认模具名称为 Bottom die，如图 9.23 所示，单击 Next > 按钮。

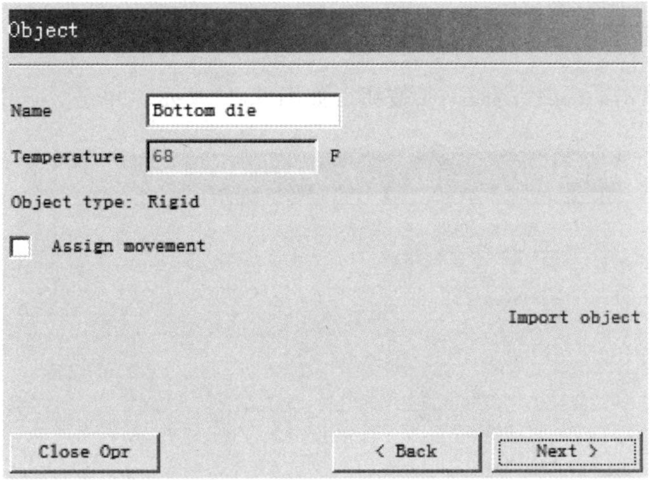

Object

Name [Bottom die]

Temperature [68] F

Object type: Rigid

☐ Assign movement

Import object

[Close Opr]   [< Back]   [Next >]

图 9.23　下模属性

（2）在几何窗口单击 Import geometry 按钮，如图 9.24 所示，导入安装目录下 V10 - 2\3D\ LABS 的 Block_BottomDie. STL 文件，如图 9.25 所示，单击 Next > 按钮。

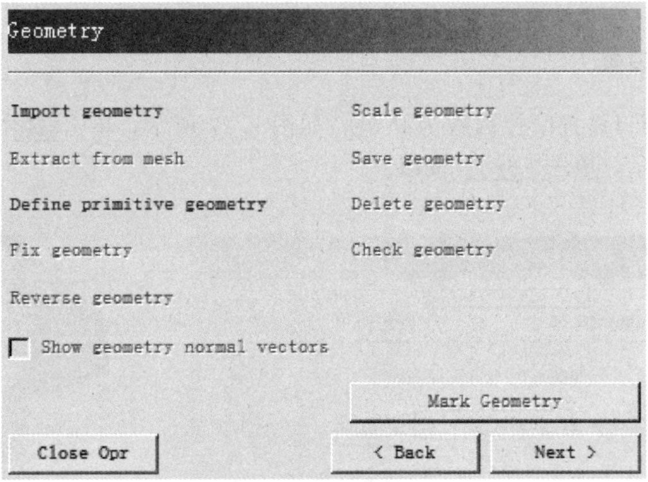

Geometry

Import geometry   Scale geometry

Extract from mesh   Save geometry

Define primitive geometry   Delete geometry

Fix geometry   Check geometry

Reverse geometry

☐ Show geometry normal vectors

[Mark Geometry]

[Close Opr]   [< Back]   [Next >]

图 9.24　几何输入

图 9.25　下模几何体

9.2.6　模具位置设置

在位置窗口单击 Automatic position 按钮，如图 9.26 所示，单击 Next > 按钮。

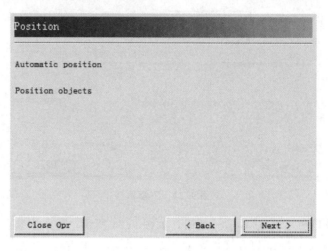

图 9.26　位置定义

9.2.7　接触关系设置

在接触定义窗口设置摩擦因数为 0.08，如图 9.27 所示，单击 按钮，生成的接触关系如图 9.28 所示，单击 Next > 按钮。

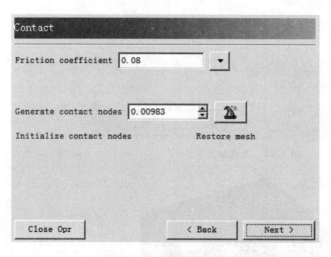

图 9.27　接触定义

图 9.28　接触关系

9.2.8　设置模拟控制

（1）在主模具行程窗口，设置总行程为 2.6in，如图 9.29 所示，单击 Next > 按钮。

（2）在停止控制窗口，保持默认设置，如图 9.30 所示，单击 Next > 按钮。

（3）在模拟控制窗口，设置步数为 20，存储增量为 2，如图 9.31 所示，单击 Next > 按钮。

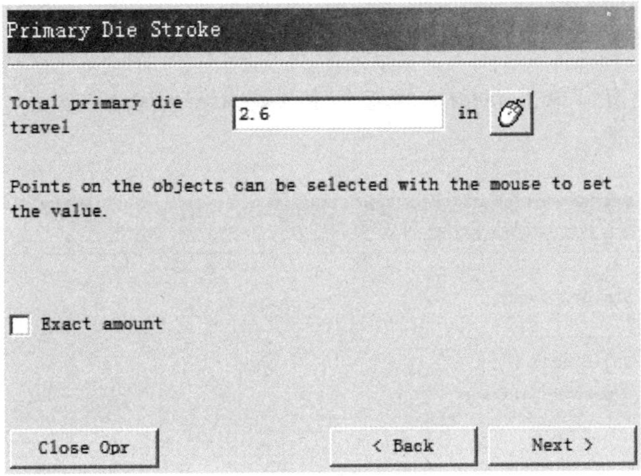

图 9.29 主模具行程设置

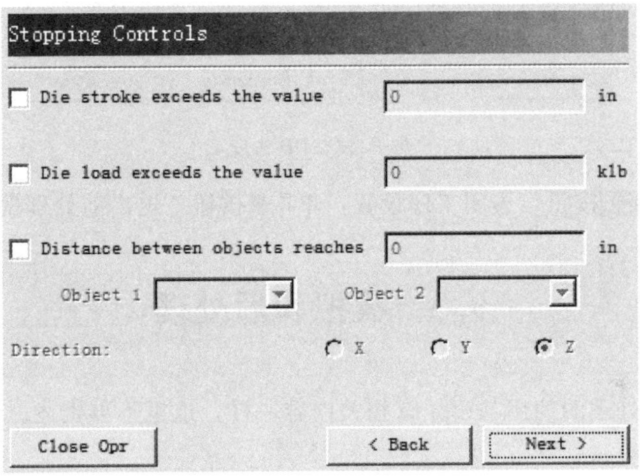

图 9.30 停止控制

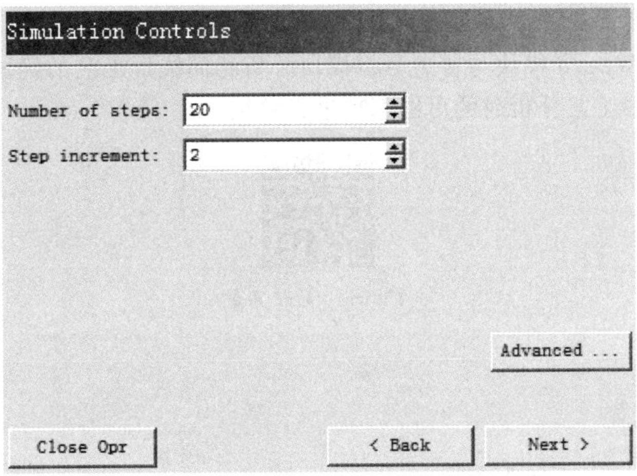

图 9.31 模拟控制

9.2.9 检查生成数据库文件

（1）在 DB 生成窗口单击 `Check data` 按钮和 `Generate database` 按钮，检查并生成 DB 数据库，如图 9.32 所示。

【KEY 文件下载-第 9 章】

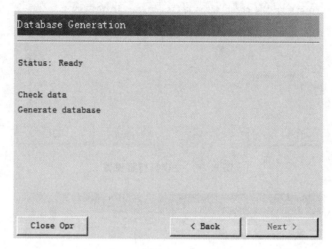

图 9.32 DB 生成

（2）单击 `Close Opr` 按钮，关闭工序设置，单击 ▉按钮，退出前处理模块。

9.3　模拟和后处理

模拟过程和后处理的使用与第 4 章相关内容一样，这里不再赘述。

综合习题

（1）冷成形和热成形在模拟步骤上有什么区别？参数设置有什么差别？
（2）试讨论用 Wizard 模块与普通分析模块分析相同成形工艺的优缺点？
（3）对常见成形工艺分析时的可能选项进行总结。

【Wizard 的使用】

第10章
轧制分析

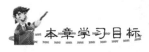

本章学习目标

★ 了解型钢轧制成形分析的基本设置过程；
★ 了解轧辊等物体的设置及网格划分。

本章教学要点

知识要点	能力要求	相关知识
轧制分析	掌握利用 Shape Rolling 的 Wizard 分析成形的基本步骤	基本设置，物体的设置，关系的设置
物体的生成及网格划分	掌握利用 Shape Rolling 模块的物体几何体的几何建立及网格划分	坯料的类型及尺寸，轧辊的类型及尺寸，网格的层数及数目

导入案例

  轧制是通过一些轧辊对一个长坯料进行加压使其厚度减薄或者界面形状发生变化的工艺。图10.0所示为轧制车间。轧制过程是一个非常复杂的弹塑性大变形过程，既有材料非线性及几何非线性，又有边界条件的非线性，变形机理非常复杂，难以用准确的数学模型来描述。因此，有限元法被越来越广泛地应用于模拟板带的轧制过程，它不但解决了复杂的非线性问题，而且克服了传统的物理模拟和实验研究成本高且效率低的缺点。

图 10.0　轧制车间

  本章主要通过型钢轧制成形案例，使读者了解纵轧分析的基本过程和技术。对于纵轧，DEFORM-3D设计了专门的模块——Shape Rolling。Shape Rolling具有建模功能，方便用户操作。

10.1　分析问题

  图10.1所示为轧制模型，考虑坯料的热传导，不考虑轧辊的热传导。

图 10.1　轧制模型

工艺参数(几何体和工具采用 1/4 来分析)如下。

单位：英制(English)

坯料材料(Material)：AISI－1055 ［1450－2200F(800－1200C)］

温度(Temperature)：300℉

轧辊温度：100℉

轧辊速度：55r/min

10.2 建 立 模 型

10.2.1 创建一个新的问题

(1) 在 DEFORM－3D 的主窗口左上角单击 📄 按钮，创建新问题。

(2) 在弹出的问题类型(Problem Type)界面选中型钢轧制(Shape Rolling)单选按钮，如图 10.2 所示，单击 Next > 按钮。

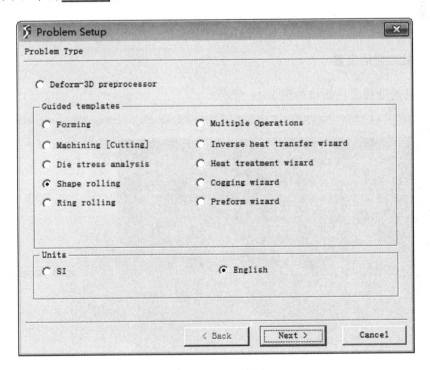

图 10.2 问题类型

(3) 在问题位置界面中使用默认选项(第一个选项)，然后单击 Next > 按钮。

(4) 在下一个界面默认问题名称(Problem Name)为 SHAPE_ROLL，如图 10.3 所示，单击 Finish 按钮，进入前处理模块。

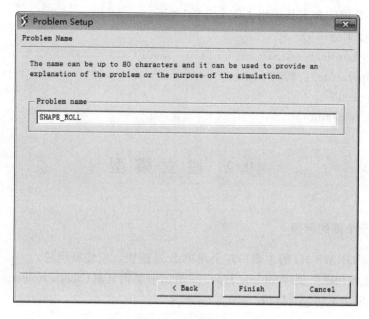

图 10.3　问题名称

10.2.2　型轧工艺的设置

（1）型轧前处理模块接口如图 10.4 所示。

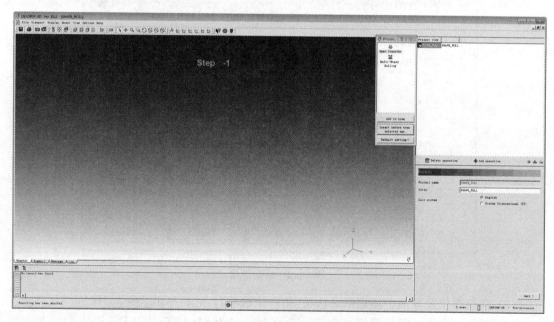

图 10.4　型轧前处理模块接口

（2）单击工艺设置对话框的 Default setting>> 按钮，将轧制（Multi - Stand Rolling）的选项设置为如图 10.5 所示（默认值）。

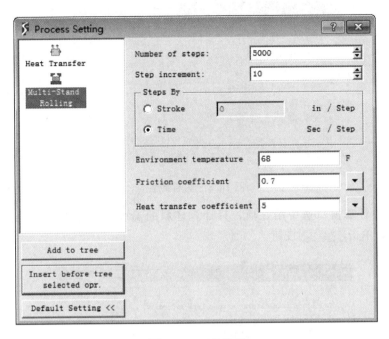

图 10.5　工艺设置

10.2.3　定义轧制工艺

（1）双击 Rolling 图标，在右边方案视图窗口将出现一个型轧工序，如图 10.6 所示。

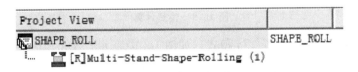

图 10.6　型轧工序

（2）单击 Open opr 按钮，打开工序窗口，工序名称为 Multi - Stand - Shape - Rolling(1)，如图 10.7 所示，单击 Next > 按钮。

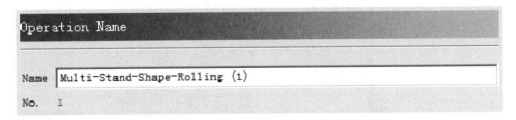

图 10.7　工序名称

（3）在轧制类型里选中 Lagrangian（incremental）rolling 单选按钮，如图 10.8 所示，单击 Next > 按钮。

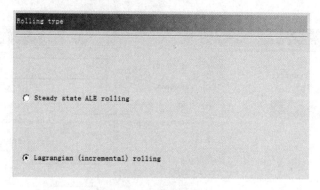

图 10.8　轧制类型

（4）在传热计算窗口选中第 2 项，只计算坯料的温度，不考虑轧辊的温度变化，如图 10.9 所示，单击 Next > 按钮。

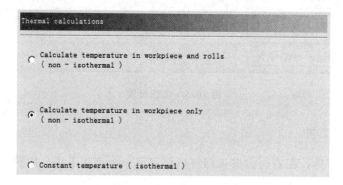

图 10.9　传热计算

（5）在物体数目窗口，选择 1/4 模式，如图 10.10 所示，单击 Next > 按钮。

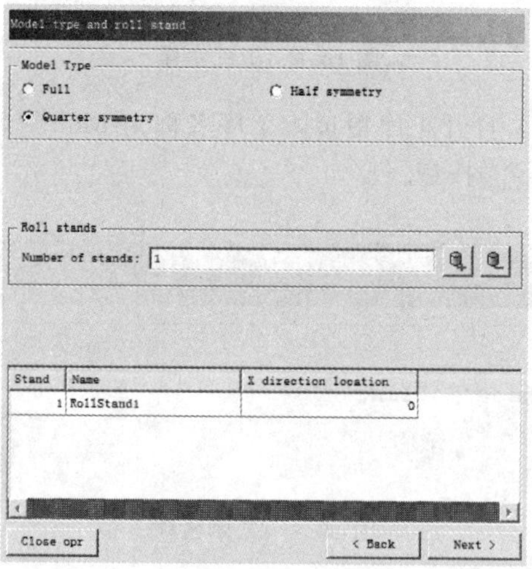

图 10.10　物体数目

◇ 提示：型轧时确实不需要侧辊，板带轧制需要。

10.2.4 轧辊设计

轧辊定义如图 10.11 所示，选择模具只包含主辊，单击 Use primitives for main roll pass design 按钮，出现轧辊设计功能页面，保持默认选项和数字，如图 10.12 所示，单击 Create 按钮，作图区出现几何体，如图 10.13 所示，单击 Close 按钮，再单击 Next > 按钮。

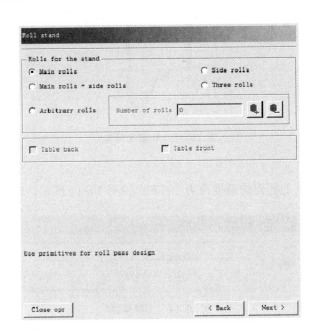

图 10.11 轧辊定义

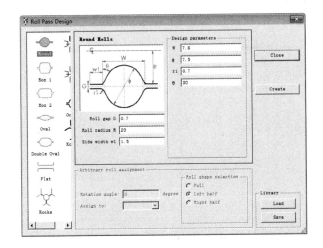

图 10.12 轧辊设计功能

图 10.13　轧辊几何体

10.2.5　定义轧辊

（1）在物体窗口，上轧辊的温度设为 100℉，如图 10.14 所示，单击 Next > 按钮。

图 10.14　上辊属性

（2）轧辊截面定义窗口前面已经定义好了，不做改变，单击 Next > 按钮，如图 10.15 所示。

图 10.15　轧辊截面

（3）在 3D 设置窗口，几何生成选择为 Uniform Geometry Generation，层的数目设置为 108，如图 10.16 所示，单击 `Generate 3D geometry` 按钮，作图区如图 10.17 所示，单击 `Next >` 按钮。

（4）在对称面窗口，选择作图区的对称面，如图 10.18 所示，单击 `+Add` 按钮，生成 (0，−1，0)的对称面，单击 `Next >` 按钮。

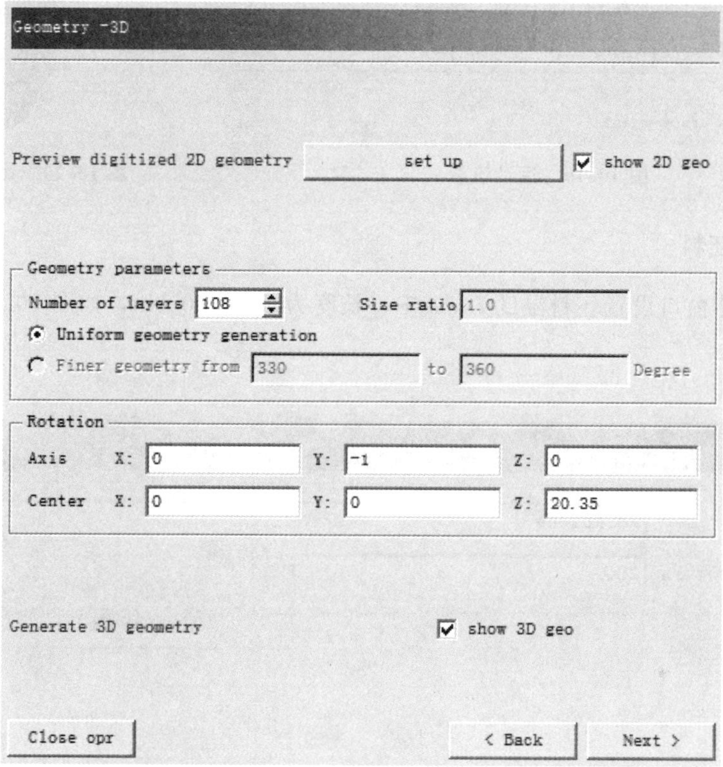

```
Geometry -3D

Preview digitized 2D geometry         set up        ☑ show 2D geo

┌ Geometry parameters ──────────────────────────────────┐
│ Number of layers [108] ⬍      Size ratio [1.0]         │
│ ⦿ Uniform geometry generation                          │
│ ○ Finer geometry from [330]    to [360]    Degree      │
└────────────────────────────────────────────────────────┘

┌ Rotation ─────────────────────────────────────────────┐
│ Axis    X: [0]      Y: [−1]      Z: [0]                 │
│ Center  X: [0]      Y: [0]       Z: [20.35]             │
└────────────────────────────────────────────────────────┘

Generate 3D geometry               ☑ show 3D geo

Close opr                          < Back    Next >
```

图 10.16　上辊设置

图 10.17　上辊几何

图 10.18　对称面

（5）在运动控制窗口，角速度设置为 55，如图 10.19 所示，作图区如图 10.20 所示，单击 `Next >` 按钮。

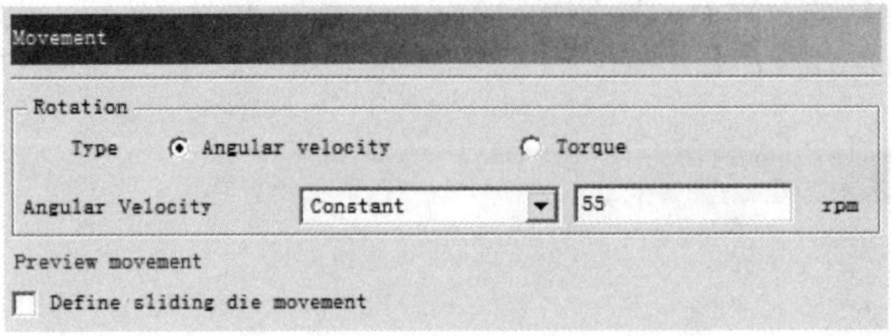

图 10.19　运动设置

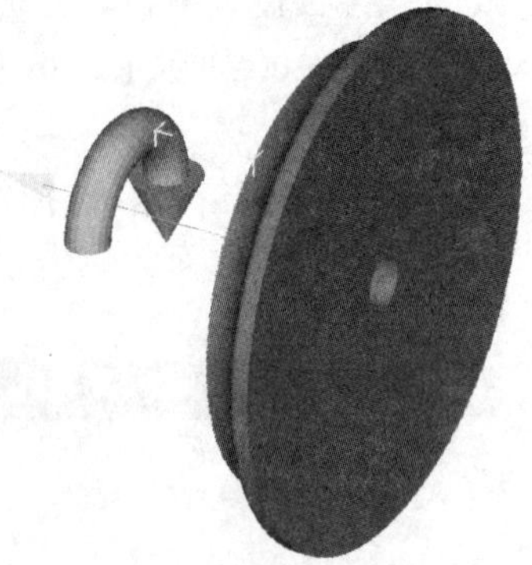

图 10.20　运动预览

10.2.6　定义坯料

（1）在物体窗口设置坯料温度为 300℉，长度为 20.000000in，如图 10.21 所示，单击 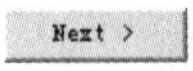 Next > 按钮。

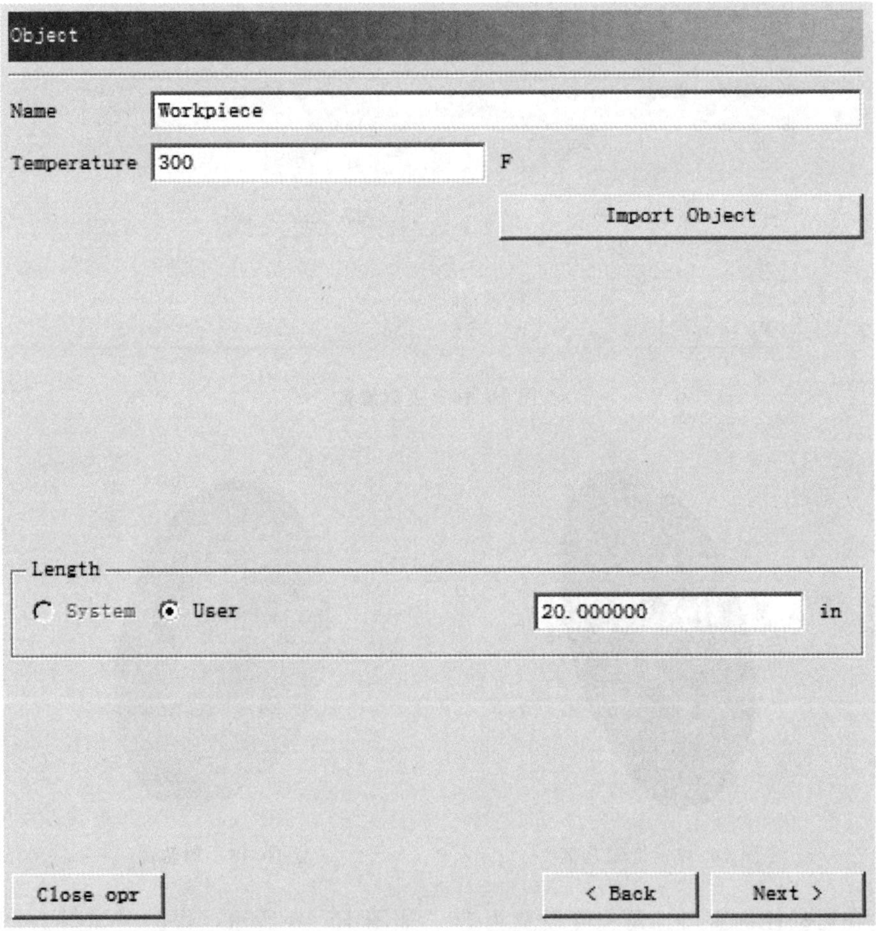

图 10.21　坯料属性

（2）在几何截面窗口单击 `Use 2D geometry primitives` 按钮，如图 10.22 所示。

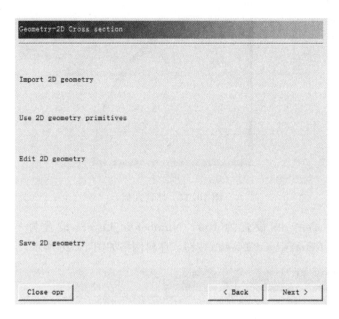

图 10.22　坯料截面

（3）在几何像素对话框中，选择圆柱形（Cylinder），设置半径（Radius）为 4，如图 10.23 所示，单击 `Create` 按钮，作图区如图 10.24 所示，单击 `Close` 按钮，关闭对话框，单击 `Next >` 按钮。

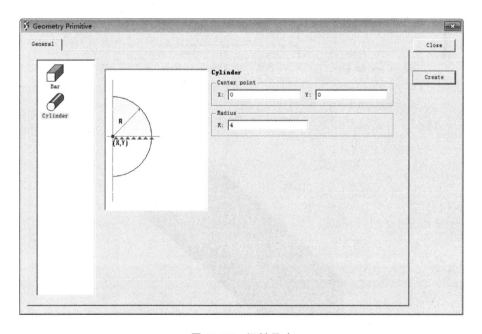

图 10.23　坯料尺寸

图 10.24　坯料几何

（4）Number of elements 设置为 100，Number of Layers 设置为 72，其他默认，如图 10.25 所示，单击 Generate 3D mesh 按钮，坯料网格如图 10.26 所示，单击 Next 按钮。

Mesh

| # 2D elements | 113 | #3D elements | 8136 |

Cross section mesh

Number of elements　10 —|— 1000　. 100

Generate 2D mesh　☑ Show 2D geo and mesh　Advanced...

3D meshing parameters

Number of layers 72　Size ratio 1.0

⦿ Uniform thickness of layers

○ Finer mesh from　0.330000　to 0.670000

○ Finer mesh position　0.000000　t 0.000000

Generate 3D mesh　☑ Show 3D mesh

图 10.25　网格设置

图 10.26　坯料网格

（5）在材料窗口单击 Import material from library 按钮，如图 10.27 所示，选择 Steel→
AISI－1045_(20－1100C)选项，如图 10.28 所示，单击 Load 按钮，再单击 Next > 按钮。

（6）在坯料边界窗口保持默认，单击 Next > 按钮，如图 10.29 所示。

◇ 提示：对称面和热交换面虽然已经定义好了，但还可以修改。

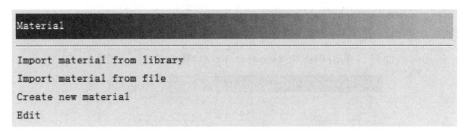

图 10.27　材料定义

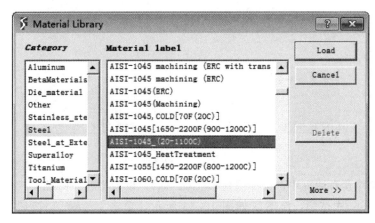

图 10.28　材料选择

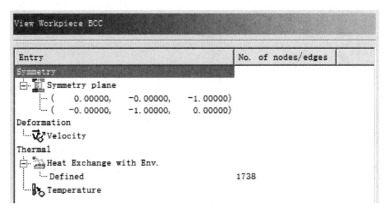

图 10.29　边界设置

10.2.7　定义推块

（1）在物体窗口，将上推块的温度设为 100℉，如图 10.30 所示，单击 Next > 按钮。

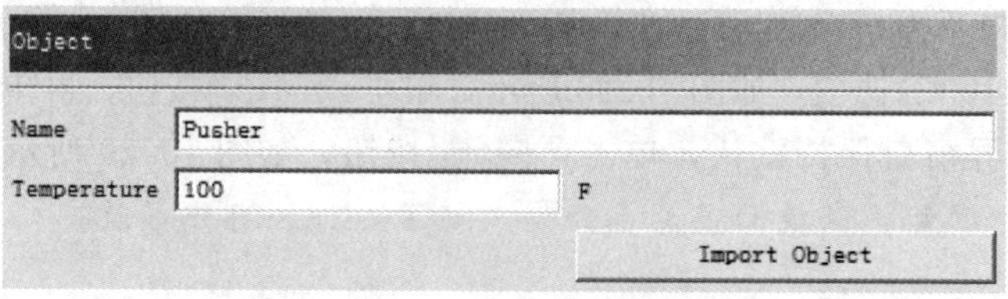

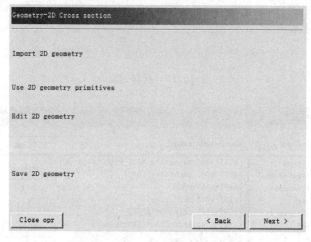

图 10.30　上推块属性

（2）在几何截面窗口单击 `Use 2D geometry primitives` 按钮，如图 10.31 所示。

图 10.31　几何截面

（3）在几何像素对话框中，选择圆柱形(Cylinder)，设置半径（Radius）为 5，如图 10.32 所示，单击 `Create` 按钮，作图区如图 10.33 所示，单击 `Close` 按钮，关闭对话框，单击 `Next >` 按钮。

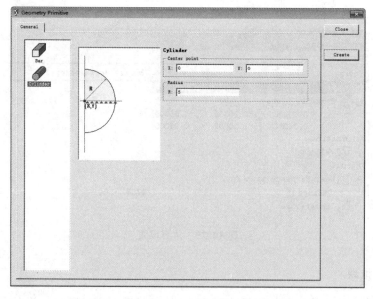

图 10.32　推块尺寸

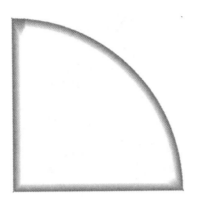

图 10.33　推块截面

（4）3D 几何窗口如图 10.34 所示，单击 `Generate 3D geometry` 按钮，作图区如图 10.35 所示，单击 `Next >` 按钮。

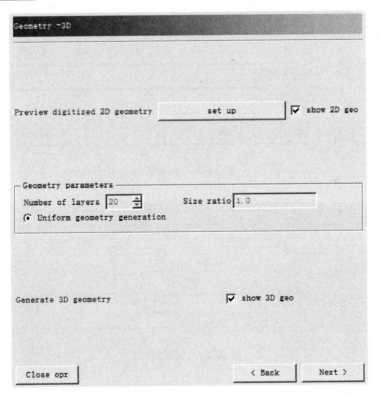

图 10.34　3D 几何

（5）在对称面窗口，利用 `+Add` 按钮增加（-0，-1，0）和（0，-0，-1）两个对称面，如图 10.36 所示，单击 `Next >` 按钮。

（6）在运动控制窗口，速度设置为 30，如图 10.37 所示，单击 `Next >` 按钮。

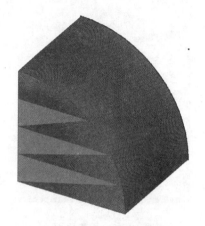

图 10.35　推块几何

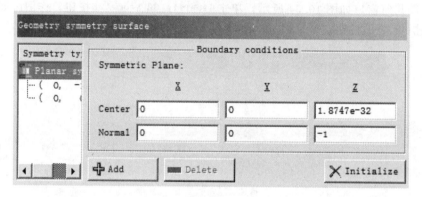

图 10.36　对称面

图 10.37　运动控制

10.2.8　接触关系设置

（1）如图 10.38 所示，单击 `Object positioning` 按钮，出现位置窗口，方法（Method）选择偏置（Offset），定位的物体（Positioning object）选中 1-Workpiece，在 X 向输入－20，如图 10.39 所示，单击 Apply 按钮。定位的物体（Positioning object）选中 3-Pusher，在 X 向输入－25，如图 10.40 所示，单击 Apply 按钮。各物体定位后如图 10.41 所示。

图 10.38 位置设置

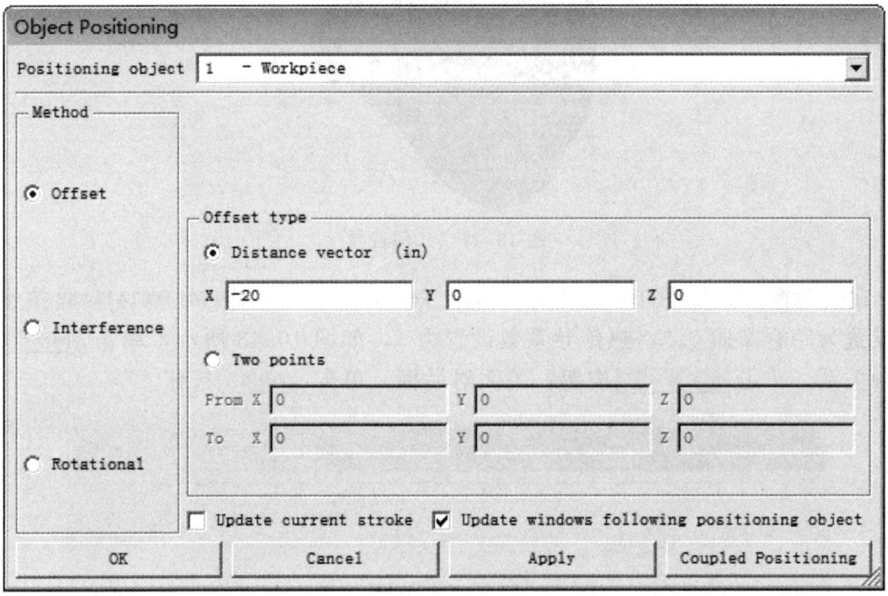

图 10.39 坯料位置

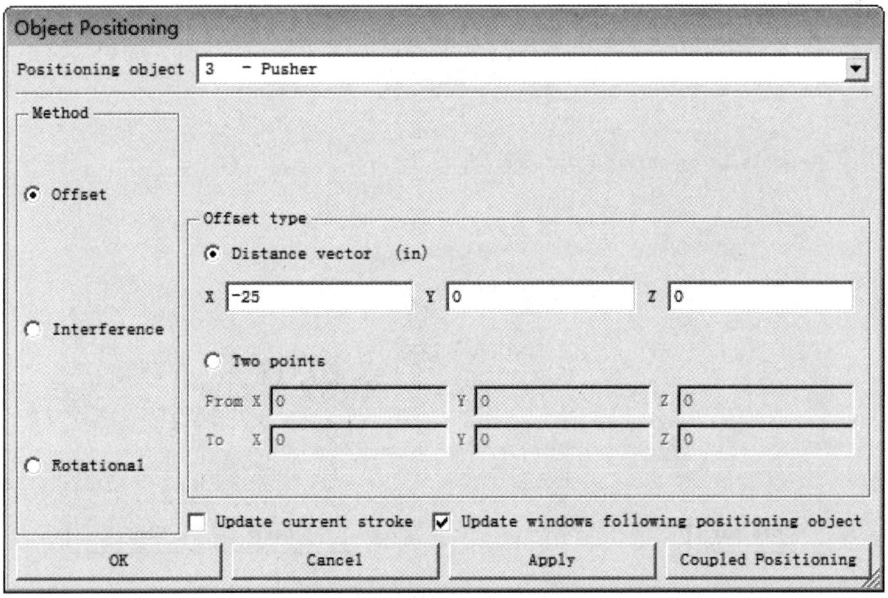

图 10.40 推块位置

图 10.41　几何位置

（2）在接触窗口，如图 10.42 所示，单击 Generate inter object relations 按钮，将摩擦因数设置为库仑摩擦 0.5，热传导系数设置为 5，如图 10.43 所示，单击 Generate all 按钮，生成接触关系，单击 OK 按钮，关闭对话框，单击 Next> 按钮。

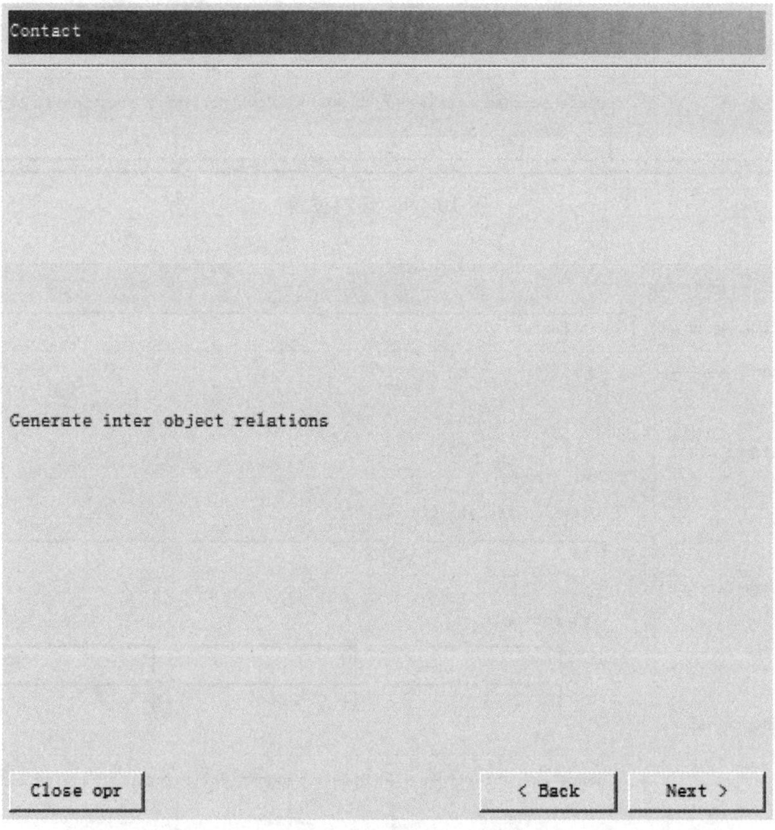

Contact

Generate inter object relations

Close opr   < Back   Next >

图 10.42　接触设置

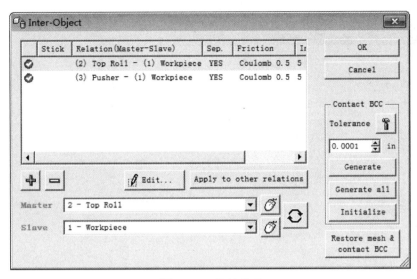

图 10.43　接触关系

10.2.9　设置模拟控制

在步骤控制窗口，步数设为默认 200，步长设为 10，每步时间设为 0.001，停止条件设置 X 方向，点的坐标设置为 0，如图 10.44 所示，单击 Next > 按钮。

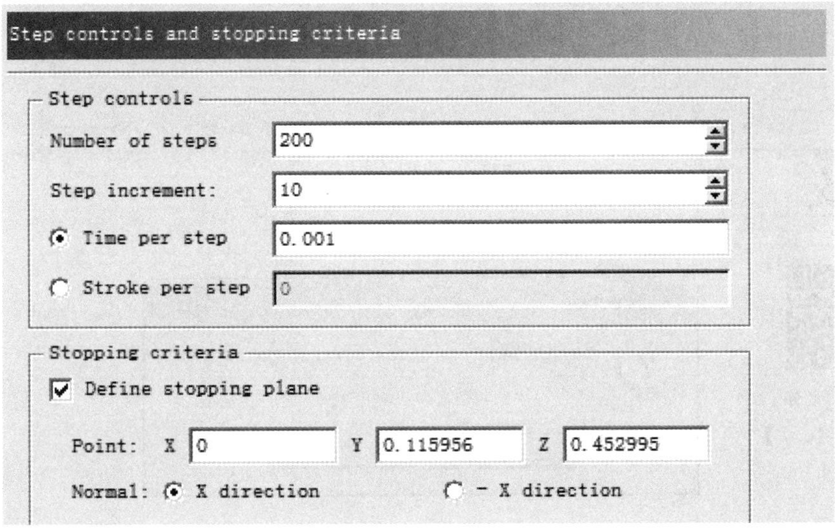

图 10.44　模拟步骤

10.2.10　生成 DB

（1）在 DB 生成窗口，如图 10.45 所示，单击 Check data 按钮检查，单击 Generate database 按钮，生成 DB 文件，单击 Next opr > 按钮，弹出图 10.46 所示询问对话框，单击 Yes 按钮。

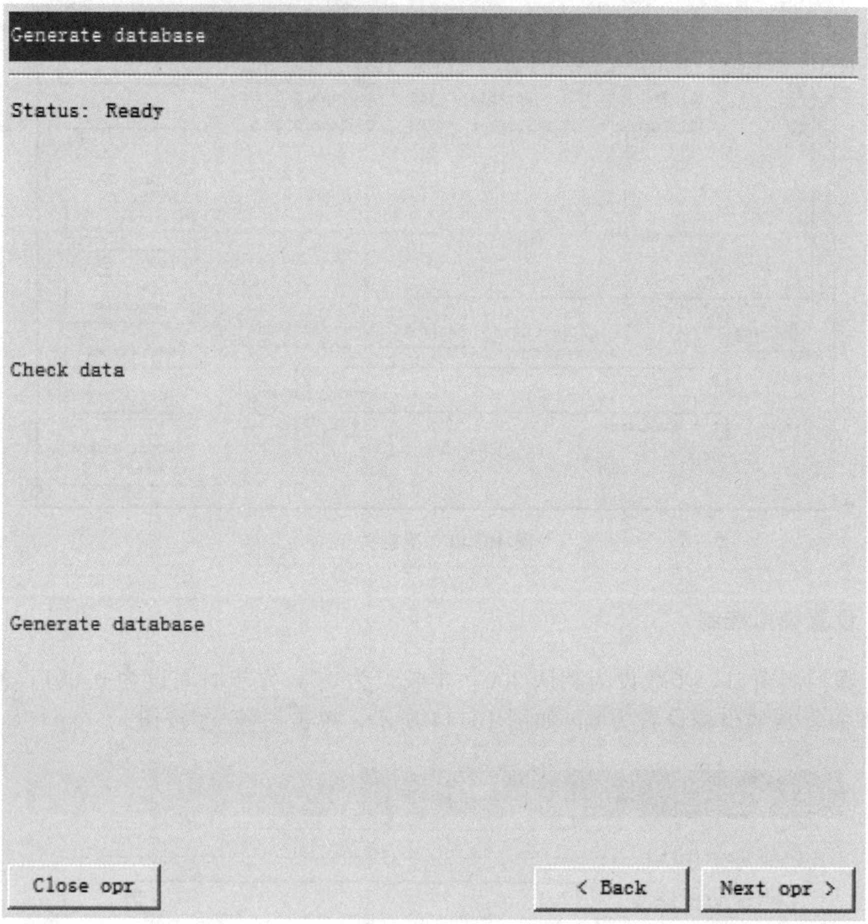

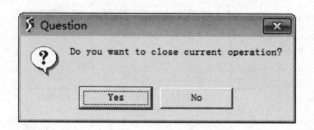

图 10.45　DB 生成

【KEY 文件
下载-第 10 章】

图 10.46　询问对话框

（2）单击■按钮，退出前处理，进入主窗口。

10.3　模拟和后处理

在 DEFORM-3D 的主窗口，选择 Simulator 中的 Run 按钮开始模拟。

模拟完成后，选择 DEFORM-3D Post 选项进入后处理。此时默认选中 Workpiece，单击
● 按钮，图形区将只显示 Workpiece 一个图形。在 Step 窗口选择最后一步，分析结果如
图 10.47 所示。

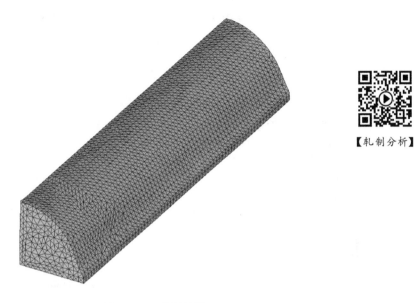

【轧制分析】

图 10.47　分析结果

在现代计算机控制的带钢生产中，轧制力设定是一个极其重要的环节，它是带钢热
连轧精轧机组计算机设定模型的核心，其设定精度直接影响到辊缝的设定，进而影响穿
带的稳定性、板厚精度、板形的控制及产品的最终质量。因此，研究带钢热连轧过程中
精轧机组的轧制力设定模型，提高轧制力设定精度是非常有必要的。宝钢 2050 热轧机
组是 20 世纪 80 年代末从德国的西马克(SMS)引进的，它所用的模型都是根据 SMS 生
产经验简化了的模型。

　(1) 带钢热连轧有限元模型的建立

　根据宝钢 2050 热轧厂提供的现场数据来建立有限元模型。宝钢 2050 热连轧机精轧
区共有 7 个道次，模拟 7 道次热连轧，建模时带钢的长度需要很大，导致划分单元后，
带钢厚度方向上数量太少，影响计算精度，于是这里只模拟了带钢热连轧的前两个道
次，表 10－1 为精轧某带钢的轧制参数。

表 10－1　精轧某带钢的轧制参数

机 架 号	入口厚度/mm	出口厚度/mm	相对压下率/(%)	带钢温度/℃	轴速/(mm·s⁻¹)
F1	46.332	28.172	39.20	909	1030
F2	28.172	17.167	39.06	906	1680

首先利用SolidWorks软件建立三维模型,装配完毕后以.stl格式导入DEFORM-3D中,建模时考虑到带钢轧制的对称性,可取1/4带钢和每道次单个轧辊作为模拟对象。带钢宽度为1050mm,长度要根据机架间距来确定,现场的机架间距为6000mm,为了减少单元数量,应当缩小机架间距,故此取机架间距为750mm、带钢长度为1000mm。

在划分单元和选择材质时,视带钢为塑性体并对其进行均匀划分,共51454个单元。带钢材料为Q235钢,入口温度为909℃,对应DEFORM-3D中的材料库选择AISI-1016(900~1200℃)。为了实现带钢的咬入,模型中设计了一块推板,以一定的速度作用于带钢的尾部,当带钢顺利进入辊缝后,推板速度降为0,从而使带钢进入轧制过程。轧辊和推板均视为刚性体,轧辊直径为730mm。

模型中的边界条件主要包括速度边界条件、摩擦边界条件和热边界条件。速度边界条件用来解决对称性问题,设定对称面上所有节点法线方向上的速度为0。接触面上的摩擦采用剪切摩擦模型,摩擦因子取0.3。对于热边界条件,取环境温度为20℃,带钢辐射率为0.7,热交换系数为5kW·(m²·℃)⁻¹。

(2)模拟结果分析

模拟控制采用时间增量步,当时间增量步为第一步时,带钢开始在第一机架形成咬入,这时带钢在摩擦力作用下进入辊缝并产生塑性变形,到第312步时带钢尾部从第二机架中脱离,完成二机架的热连轧过程。图10.48为有限元模型局部放大图,图10.49所示为热连轧过程中带钢和轧辊的状态。

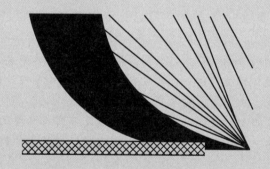

图10.48 有限元模型局部放大图

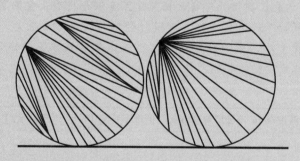

图10.49 热连轧过程中带钢和轧辊的状态

图 10.50 所示为轧制过程中轧制力随时间的变化曲线。

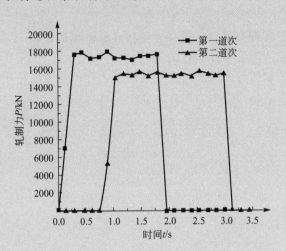

图 10.50　轧制过程中轧制力随时间的变化曲线

当带钢在第一机架形成咬入后，轧制力随着时间步的增加急剧上升，此过程为非稳态轧制过程。当带钢完全进入辊缝后，金属的变形量不再继续增加，轧制力只在很小的范围内波动，这表明轧制由非稳态过程进入稳态过程。当带钢将要脱离第一机架辊缝时，轧制力开始急剧下降，直到完全脱离时下降为 0。轧制力在两个道次的变化规律基本相同，不同之处在于轧制力会随着绝对压下量的减小而减小。

应指出的是，在 DEFORM-3D 中，弹性物体是不能定义旋转运动的，而轧辊压扁对轧制力的影响又必须考虑，因此在计算轧制力时，用图 10.50 中的模拟结果乘以轧辊压扁对材料硬度的影响系数。

通过计算得到两个道次的压扁系数分别为 1.0090 和 1.0151。表 10-2 为轧制力计算值和实测值的比较，从表 10-2 中的数据可知，有限元模型的计算值和实测值比较接近，相对误差在 5% 以内。同时，有限元模型的计算精度高于宝钢模型，特别是在第一道次，轧制力计算精度高出 4.03%。

表 10-2　轧制力计算值和实测值的比较

机架号	实测值/kN	宝钢模型		有限元模型	
		计算值/kN	相对误差/(%)	计算值/kN	相对误差/(%)
F1	17256.4	15956.1	7.54	17861.5	3.51
F2	15741.2	16283.7	3.45	15283.4	2.91

➡ 资料来源：刘洋，周旭东，孟惠霞. 带钢热连轧过程轧制力三维有限元模拟.
锻压技术，2007，32(5)：142-144.

综合习题

（1）轧制的分类形式都有哪些？模具运动和成形原理是什么？

（2）轧制模拟在咬入时需要什么样的条件？

（3）轧制成形工艺如何分配成形道次？判断工艺合理的标准是什么？

第 **11** 章
辊锻成形分析

本章学习目标

★ 了解辊锻成形分析的基本设置过程；
★ 掌握辊锻工艺模具运动的设置。

本章教学要点

知识要点	能力要求	相关知识
辊锻成形分析设置	了解辊锻成形分析的基本设置过程	模拟的控制，旋转运动的设置
辊锻的模具运动设置	掌握辊锻旋转运动的方向、大小及设置方法	上辊的旋转方向及大小，下辊的旋转方向及大小

DEFORM-3D塑性成形CAE应用教程（第2版）

导入案例

辊锻是材料在一对反向旋转模具的作用下产生塑性变形得到所需锻件或锻坯的塑性成形工艺。辊锻变形原理如图 11.0 所示。辊锻变形是复杂的三维变形。大部分变形材料沿着长度方向流动使坯料长度增加，少部分变形材料横向流动使坯料宽度增加。辊锻过程中坯料截面面积不断减小。辊锻适用于轴类件拔长、板坯辗薄及沿长度方向分配材料等变形过程。

【辊锻】

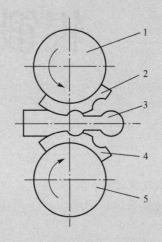

图 11.0　辊锻变形原理
1—上辊锻；2—辊锻上模；3—毛坯；
4—辊锻下模；5—下辊锻

辊锻成形是运用轧制方式生产锻件的方法，属于连续局部变形，工作过程平稳、快速，设备体积小、质量轻，既适合大批生产又具有较大的柔性，是一种高效、精密、清洁的成形技术，是先进制造技术的重要组成部分，是锻造行业应用最广的回转塑性加工技术。但要开发一种复杂零件的辊锻成形工艺，仍需相当长的设计与调试周期。这是由于对成形规律的认识仍处于经验阶段，已有的轧制方面的研究成果只能提供方向性指导，无法提供较精确的计算方法与计算结果。复杂轮廓辊锻件模具成形曲面的设计仍然没有成熟的理论指导，在工艺调试过程中，多次修改原始设计是不可避免的。

信息技术的发展，数值模拟和物理模拟技术的进步，以及不断出现的大型商品化软件等，为开发新型工艺起到了明显的促进作用，使过去几乎无法解决的三维辊锻成形复杂变形问题，如材料流动规律、成形机理、内部应力应变场及流动速度场等，可望得到较满意的解决。采用商品化软件 DEFORM-3D，建立的辊锻变形三维有限元数值模拟模型，具有较好的前途。

本章主要通过辊锻成形案例，使读者了解辊锻成形分析的基本过程和技术，掌握辊锻的运动设置。

11.1 分 析 问 题

图 11.1 所示为辊锻成形的模型。

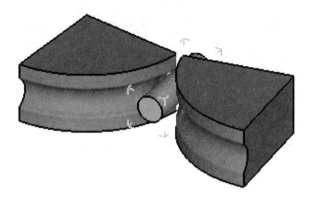

图 11.1 辊锻成形的模型

工艺参数如下。

单位：国际单位制（SI）

坯料材料（Material）：AISI - 4340

温度（Temperature）：1150℃

速度：0.4rad/s

模具行程：π/2

◇ 提示：这里只是演示一个过程，不考虑热传递对成形的影响。

11.2 建 立 模 型

11.2.1 创建一个新的问题

在 DEFORM - 3D 的主窗口左上角单击 ▤ 按钮，创建新问题。在弹出的问题类型（Problem Type）界面中默认进入普通前处理（Deform - 3D preprocessor），单击 Next > 按钮，问题位置界面使用默认选项（第一个选项），然后单击 Next > 按钮；在下一个界面输入问题的名称（Problem Name）为 RollForging，单击 Finish 按钮，进入前处理模块。

11.2.2 设置模拟控制

单击 ☺ 按钮，弹出模拟控制对话框（Simulation Control），设置模拟名称为 RollForging，仅仅激活变形模拟 Deformation，设置单位为国际单位（SI 单位），此时弹出单位转换提示对话框，仅选第一项 Deformation，单击 OK 按钮，模拟控制如图 11.2 所示。

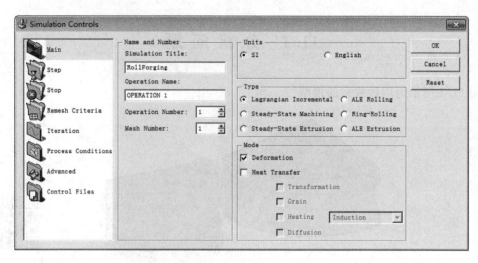

图 11.2　模拟控制

11.2.3　坯料设置

（1）单击 General 按钮，物体名称默认 Workpiece 不变，物体类型（Object Type）采用默认的塑性体（Plastic），单击 Assign temperature... 按钮，输入 1150，单击 OK 按钮。

（2）在前处理控制窗口，单击 按钮，选择材料库中的 Steel→AISI-4340［1550-2200F(850-1200C)］，单击 Load 按钮加载。

（3）单击 Geometry 按钮，然后单击 Import Geo... 按钮，在弹出的对话框中选择 RollForging_Workpiece.STL 文件导入。导入的坯料几何如图 11.3 所示。

（4）单击 Mesh 按钮，进入网格划分窗口；在网格窗口输入 20000，单击 Generate Mesh 按钮，生成网格，如图 11.4 所示。

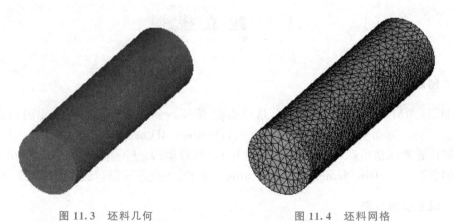

图 11.3　坯料几何　　　　　　　　图 11.4　坯料网格

11.2.4　上辊设置

（1）单击 按钮，进入物体窗口，可以看到在 Objects 列表中增加了一个名为 Top Die 的物体，基本属性设置保持默认。

（2）单击 ⬚Geometry 按钮，接着单击 📂Import Geo... 按钮，在弹出的对话框中选择 RollForging_ TopDie. STL 文件导入。导入的上辊几何如图 11.5 所示。

图 11.5　上辊几何

（3）单击 Movement 按钮，进入物体运动参数设置窗口，选择 Rotation 选项卡，在旋转 1 中速度输入 0.4，旋转轴选择 Z，旋转中心为(0，0，0)，如图 11.6 所示。

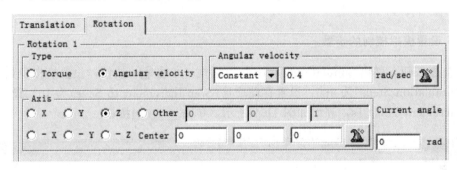

图 11.6　上辊运动

11.2.5　下辊设置

（1）单击 🔍 按钮，进入物体窗口，可以看到在 Objects 列表中增加了一个名为 Bottom Die 的物体，基本属性设置保持默认。

（2）单击 ⬚Geometry 按钮，接着单击 📂Import Geo... 按钮，在弹出的对话框中选择 RollForging_ BottomDie. STL 文件导入。导入的下辊几何如图 11.7 所示。

图 11.7　下辊几何

（3）单击 **XX Movement** 按钮，进入物体运动参数设置窗口，选择 **Rotation** 选项卡，在旋转1中速度输入0.4，旋转轴选择−Z，旋转中心为（0，560，0），如图11.8所示。

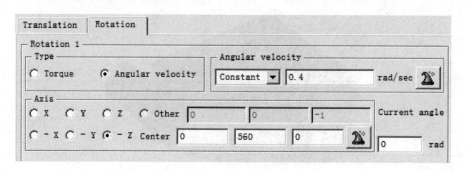

图11.8 下辊运动

◇ 提示：辊锻运动相当于纵轧，旋转方向相反。

◇ 提示：此案例有对称关系，其实可以取一般坯料来模拟，那样可以考虑不使用下模，这里使用整体分析。

11.2.6 设置模拟控制的步数

单击 按钮，弹出 Simulation Controls 对话框，单击 **Step** 按钮，设置模拟步数（Number of Simulation Steps）为400，设置存储增量（Step Increment to Save）为10，设置 With Time Increment 为0.01s，界面如图11.9所示，单击 **OK** 按钮。

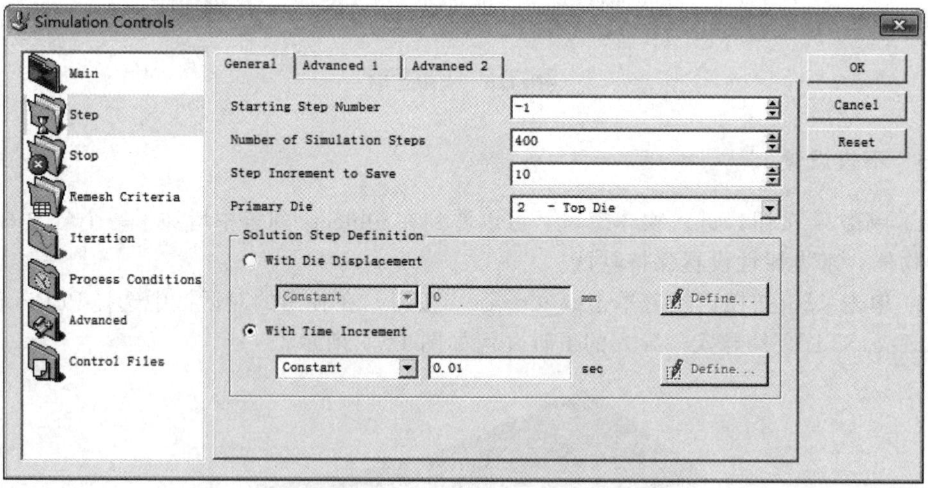

图11.9 步数设置

11.2.7 定义接触关系

在前处理控制窗口的右上角单击 按钮，在弹出对话框中单击 **Yes** 按钮，弹出 Inter-Object 对话框，设置两组接触关系摩擦因数都为0.7，如图11.10所示，单击 **Generate all** 按钮，生成接触关系，单击 **OK** 按钮，关闭对话框。

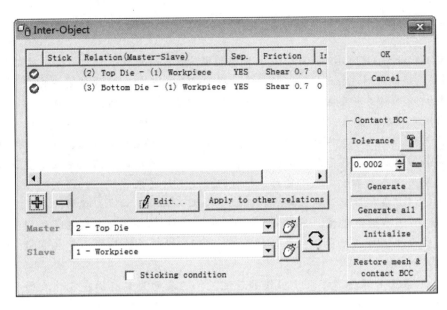

图 11.10　接触关系

11.2.8　检查生成数据库文件

单击按钮，在弹出的 Database Generation 对话框中单击 Check 按钮检查，单击 Generate 按钮，生成模拟所需 DB 文件。单击 按钮，退出前处理，进入主窗口。

11.3　模拟和后处理

在 DEFORM-3D 的主窗口，选择 Simulator 中的 Run 选项开始模拟。

模拟完成后，选择 DEFORM-3D Post 选项进入后处理。此时默认选中物体 Workpiece，单击 按钮，图形区将只显示 Workpiece 一个图形。在 Step 窗口选择最后一步，如图 11.11 所示。

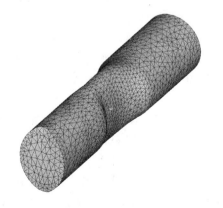

【辊锻成形分析】

图 11.11　模拟结果

应用案例11-1

采用商品化软件 DEFORM-3D，建立辊锻变形三维有限元数值模拟模型，对圆形-椭圆-圆形型槽下辊锻变形过程进行了模拟仿真，研究了辊锻三维变形状态下应力应变的变化规律，探讨了不同变形参数对辊锻变形过程及应力应变场的影响。

（1）有限元模型的建立

辊锻成形技术是轧钢与锻造两种变形方式交叉融合而产生的新技术，具有鲜明的特点，它将轧钢常用的定常孔型改变成沿轧辊周向不断变化的辊锻型槽，使成形范围大大扩展，也使变形状态复杂化。为了更好地把握辊锻变形的特点和规律，得到辊锻成形过程的真实描述，完成辊锻变形的三维模拟，取整个工件为研究对象，设计了图11.12所示的圆形-椭圆-圆形辊锻型槽，并建立了由上辊、下辊和轧件共同组成的系统模型，采用刚塑性有限元法进行三维模拟。轧件材料为45钢，材料的流动应力是轧制温度、应变和应变速率的函数。

采用表面-表面和库仑摩擦来模拟接触。定义轧辊表面为目标面，轧件表面为接触面，轧辊和轧件间的摩擦因数为0.4。

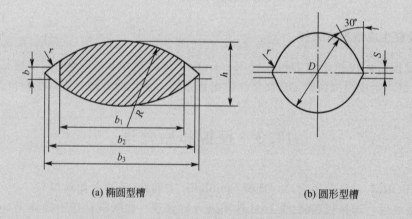

(a) 椭圆型槽   (b) 圆形型槽

图 11.12   数值模拟中所选用的型槽系

（2）数值模拟结果与分析

计算模型以直径为 40mm 的圆柱坯料辊锻成直径为 30mm 锻件的辊锻变形过程为研究对象，模拟在理论中心距为 460mm 辊锻机上，经圆形-椭圆-圆形两道次辊锻成最终产品。讨论了轧件在椭圆、圆形型槽中两道次辊锻的变形过程和材料内部金属速度场、应变应力场等的演化过程。对不同工艺参数的辊锻变形进行了数值模拟。在以下的讨论中，如无特殊说明，则轧机转速为 65r/min，变形温度为 1100℃。

图 11.13 中的数值模拟结果表明，圆形坯料经由椭圆-圆形型槽两道次轧制圆形辊锻件，其变形过程经过了咬入、稳定轧制和抛钢 3 个阶段。图 11.13 给出了坯料分别在椭圆型槽和圆形型槽中辊锻变形区内高度上沿轧制方向的速度场。在咬入阶段，辊锻过程处于不稳定状态，轧件在辊锻模的带动下完成咬入；在过渡阶段，随着压下的进行，金属纵向延伸，横向展宽；在初始阶段，由于金属变形较小，轧件横截面各节点的流动速度差别

不大；轧件咬入后进入稳定轧制阶段，金属继续纵向延伸横向展宽，随着变形的加剧，轧件变形区各节点的流动速度差别加大。在前滑区，靠近锻辊两侧，轧件变形速度快，向内逐渐减小，中心部分速度最小。在后滑区，情况则相反。在远离中性面和刚端的变形区内，轧件高度上速度变化大，在所模拟的椭圆型槽中工件边部和心部的速度差为130mm/s，圆形型槽中为121.5mm/s；沿轧制方向进出口速度差在椭圆型槽中为431.4mm/s，在圆形型槽中为304.1mm/s。

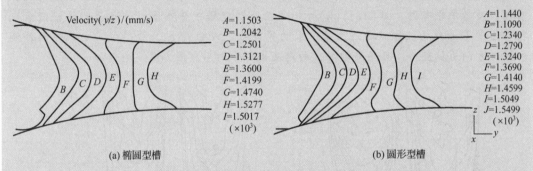

图 11.13　辊锻变形过程中材料流动速度场

　　图 11.14 所示为轧件变形区内部等效应力应变场。图 11.14(a) 所示为椭圆型槽，图 11.14(b) 所示为圆形型槽。变形区内轧件内部应力应变在三维方向均呈不均匀分布状态。两刚端处等效应力小，内部等效应力大；轧件在进口处等效应变小，沿轧制方向逐渐增加。无论在椭圆型槽还是在圆形型槽中辊锻，变形都能渗透到金属内部，且内部金属变形剧烈，变形抗力大。图 11.14 中轧件在椭圆型槽中的最大压下量为16mm，在圆形型槽中为18mm。尽管轧件在两种型槽中变形量差别不大，但是在圆形型槽中的等效应力和等效应变却明显高于椭圆型槽中轧件的应力应变。等效应力相差46MPa，等效应变相差0.52mm/mm。这是变形量和型槽结构综合作用的结果。

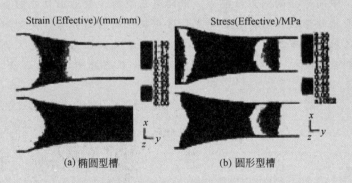

图 11.14　轧件变形区内部等效应力应变场
左侧—等效应变场；右侧—等效应力场

　　同时模拟了直径为40mm坯料经椭圆-圆形两道次辊锻直径为30mm、25mm的辊锻件，其型槽结构如图11.12所示，椭圆型槽尺寸见表11-1。

表 11-1　椭圆型槽尺寸

| D | 椭 圆 型 槽 | | | | | | |
	h	R	b_1	b_2	b_3	r	s
30	24	44	48	56	60	8	4
25	18	70	56	65	70	10	4

　　轧件在变形区内沿宽度上纵向应力分别如图 11.15 所示，其中图 11.15（a）为轧件在椭圆型槽中分布图。图 11.15（b）为轧件在圆形型槽中分布图。D 表示轧件辊锻后直径。图中 E 曲线为轧件纵向应力等于零的等值线，以曲线 E 为分界线，向轧件两外侧和入口方向为拉应力，且逐渐增加；向内及出口方向为压应力且逐渐增加。

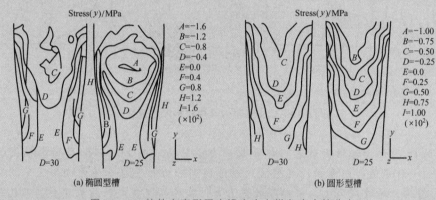

图 11.15　轧件在变形区内沿宽度上纵向应力的分布

　　辊锻型槽不同，应力分布也不同。在椭圆型槽中，零应力线为两条沿轴线对称分布的曲线，轧件沿宽度上纵向应力分部情况表现为两侧受拉应力，中间受压应力，并且随轧制方向拉应力区逐渐变窄，压应力区逐渐变宽，直到靠近出口处纵向应力全部为压应力。在圆孔中，零应力等值线 E 为一条沿轴线对称分布的连续曲线，在入口处轧件沿宽度上纵向应力为拉应力，中间部分两侧为拉应力，中间为压应力，靠近出口处则全部为压应力。

　　不仅辊锻型槽的形状和结构会影响变形区中轧件的应力分布，变形参数也影响着辊锻变形、变形区应力分布及应力应变的大小。变形量大，应力应变也大。轧件在两椭圆孔中的压下量相差 6mm，最大压应力相差 80MPa；在圆孔中，最大压下量相差 15mm，最大压应力相差 25MPa。

▷ 资料来源：刘桂华，任广升，徐春国. 辊锻三维变形过程的数值模拟研究.

塑性工程学报，2004，11(3)：89-92.

 综合习题

（1）和纵轧相比，辊锻成形模拟有什么区别？其变形有什么特点？

（2）辊锻成形常见的缺陷是什么？如何避免？

（3）锻造成形工艺适合生产什么类型的零件？试举例说明。

第**12**章
楔横轧分析

本章学习目标

★ 了解楔横轧成形分析的基本设置过程；

★ 掌握楔横轧分析模具运动的设置；

★ 掌握坯料网格局部细化的设置。

本章教学要点

知识要点	能力要求	相关知识
楔横轧成形分析设置	了解楔横轧成形分析的基本设置过程	模拟的控制，轧辊旋转运动的设置
横轧轧辊运动设置	掌握横轧轧辊运动的方向、大小及设置方法	上辊的旋转方向及大小，下辊的旋转方向及大小
坯料网格局部细化	掌握坯料局部细化的设置	细化窗口的设置，尺寸比率的设置

导入案例

轧件轴线与轧辊轴线平行，轧辊的辊面上带有楔形凸棱，轧制过程中轧件与轧辊做相反方向旋转的，统称楔横轧。楔横轧适合于成形高径比大的回转件，图12.0所示为楔横轧零件。楔横轧工艺与一般锻造相比，产品质量好，尺寸形状精度高，材料利用率高，振动小，噪声小，劳动强度低，易于实现机械化和自动化。模具寿命长，生产成本比一般锻造低30%。楔横轧设备质量轻，地基浅，投资少，模具一次修磨翻新，寿命可达20万件。

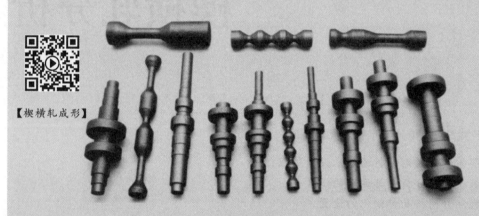

【楔横轧成形】

图12.0 楔横轧零件

由于楔横轧工艺的特殊性，工艺参数的选择对于轧件的成形质量至关重要。传统的靠经验试轧的方法不仅设计开发周期长，生产成本也比较高，已经无法满足实际生产需求。近年来，随着计算机科学的不断发展和有限元技术的日益成熟，以CAE技术等为代表的现代分析手段越来越受到人们的重视，并在现实生产中得到广泛的应用。

通过本章的学习，使读者了解楔横轧分析的基本过程，掌握网格细化的基本技巧，掌握楔横轧成形的分析技术。

12.1 分析问题

【STL文件下载-第12章】

图12.1所示为楔横轧的有限元模型。

工艺参数（几何体和工具采用1/2来分析）如下。

单位：国际单位制（SI）

材料（Material）：AISI-1045

温度（Temperature）：1150℃

这里不考虑热传递。

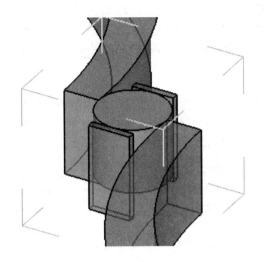

图 12.1　楔横轧的有限元模型

12.2　建立模型

12.2.1　创建一个新的问题

在 DEFORM - 3D 的主窗口左上角单击 按钮，创建新问题。在弹出的问题类型（Problem Type）界面中默认进入普通前处理（DEFORM - 3D preprocessor），单击 Next > 按钮，问题位置界面中使用默认选项（第一个选项），然后单击 Next > 按钮；在下一个界面中输入问题的名称（Problem Name）Cross _ wedge _ rolling，单击 Finish 按钮，进入前处理模块。

12.2.2　设置模拟控制

单击 按钮，弹出模拟控制（Simulation Controls）对话框，设置模拟名称为 Cross _ wedge _ rolling，仅仅激活变形模拟 Deformation，设置单位为国际单位（SI 单位），此时出现单位转换提示对话框，仅选第一项 Deformation，单击 OK 按钮，模拟控制如图 12.2 所示。

12.2.3　坯料设置

（1）单击 General 按钮，物体名称默认 Workpiece 不变，物体类型（Object Type）采用默认的塑性体（Plastic），单击 Assign temperature... 按钮，在弹出的对话框中输入 1150，单击 OK 按钮。

（2）在前处理控制窗口，单击 按钮，选择材料库中的 Steel→AISI - 1045［1650 - 2200F（900 - 1200C）］，单击 Load 按钮加载。

（3）单击 Geometry 按钮，然后单击 Import Geo... 按钮，在弹出的对话框中选择 Cross _ wedge _ rolling _ Workpiece. stl 文件导入。导入的坯料几何如图 12.3 所示。

（4）单击 Mesh 按钮，进入网格划分窗口；在网格窗口输入 50000，选择 Detailed Settings 选项卡中的 Weighting Factors 选项卡，将 Mesh Density Windows 拖动到 1，如图 12.4 所示。然后选择

Mesh Window 选项卡，网格比率设置为 0.01，运动速度设置为 $-20\mathrm{mm/s}$，参数设置如图 12.5 所示，单击 ✛ 按钮，增加网格密度窗口，窗口模式选择圆柱体 ⬚，在作图区单击增加细化窗口并将窗口调整到如图 12.6 所示。单击 Surface Mesh 按钮和 Solid Mesh 按钮，划分的网格如图 12.7 所示。

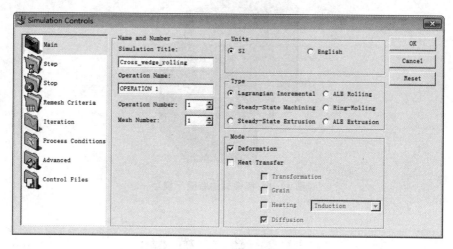

图 12.2　模拟控制

图 12.3　坯料几何

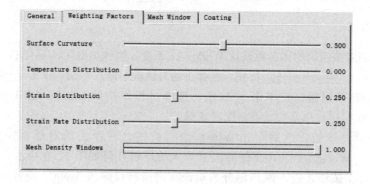

图 12.4　权重因子

（5）单击 [Bdry. Cnd.] 按钮，选中 [Symmetry plane] 图标，选中如图 12.8 所示的对称面，单击 [图] 按钮，增加(0，0，1)对称面。

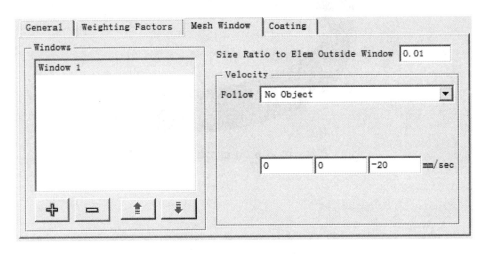

图 12.5　网格细节设置

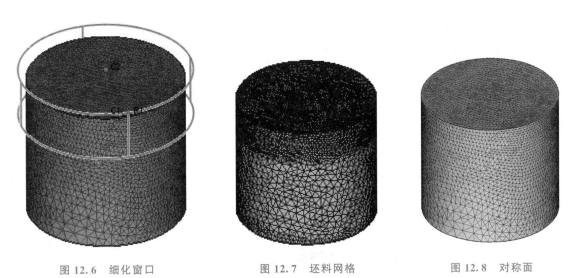

图 12.6　细化窗口　　　　　图 12.7　坯料网格　　　　　图 12.8　对称面

12.2.4　上辊设置

（1）单击 [🔍] 按钮，进入物体窗口，可以看到在 Objects 列表中增加了一个名为 Top Die 的物体，基本属性设置保持默认。

（2）单击 [Geometry] 按钮，接着单击 [Import Geo...] 按钮，在弹出的对话框中选择 Cross _ wedge _ rolling _ roller1. stl 文件导入。导入的上辊几何如图 12.9 所示。

（3）单击 [Movement] 按钮，进入物体运动参数设置窗口，选择 [Rotation] 选项卡，在旋转 1 中速度输入 -0.419，旋转轴选择 Z，旋转中心为(0，1099.49，0)，如图 12.10 所示。

图 12.9　上辊几何

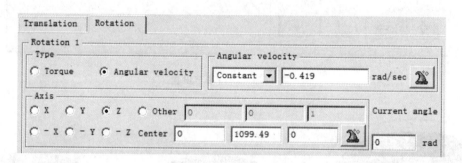

图 12.10　上辊运动

12.2.5　下辊设置

（1）单击 按钮，进入物体窗口，可以看到在 Objects 列表中增加了一个名为 Bottom Die 的物体，基本属性设置保持默认。

（2）单击 按钮，接着单击 按钮，在弹出的对话框中选择 Cross_wedge_rolling_roller2.stl 文件导入。导入的下辊几何如图 12.11 所示。

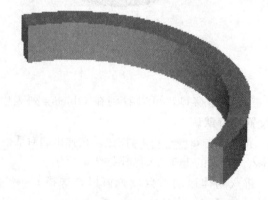

图 12.11　下辊几何

（3）单击 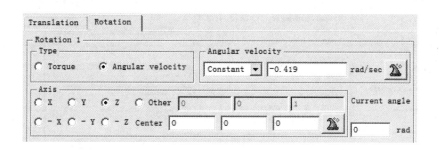 按钮，进入物体运动参数设置窗口，选择 Rotation 选项卡，在旋转 1 中速度输入－0.419，旋转轴选择 Z，旋转中心为（0，0，0），如图 12.12 所示。

图 12.12　下辊运动

◇ 提示：楔横轧属于横轧，旋转方向相同。

◇ 提示：两个轧辊形状相同，位置和角度不同，可以利用一个轧辊平移和旋转获得另外一个。

12.2.6　挡板设置

（1）单击 按钮，进入物体窗口，可以看到在 Objects 列表中增加了一个名为 Object4 的物体，基本属性设置保持默认。

（2）单击 Geometry 按钮，接着单击 Import Geo... 按钮，在弹出的对话框中选择 Cross_wedge_rolling_baffle1.stl 文件导入。

（3）单击 按钮，进入物体窗口，可以看到在 Objects 列表中增加了一个名为 Object5 的物体，基本属性设置保持默认。

（4）单击 Geometry 按钮，接着单击 Import Geo... 按钮，在弹出的对话框中选择 Cross_wedge_rolling_baffle2.stl 文件导入。导入完成以后的视图如图 12.13 所示。

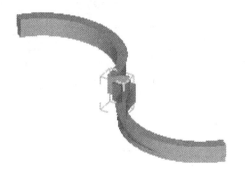

图 12.13　导入轧辊

12.2.7　设置模拟控制的步数

单击 按钮，弹出 Simulation Controls 对话框，单击 Step 按钮，设置模拟步数（Number of Simulation Steps）为 100，设置存储增量（Step Increment to Save）为 5，设置 With Time Increment 为 0.15s，界面如图 12.14 所示，单击 OK 按钮，完成步数设置。

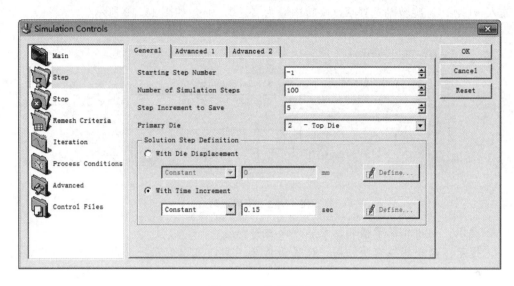

图 12.14　步数设置

◇ 提示：所有物体的几何体位置已经正确，不需要靠模工作。

12.2.8　定义接触关系

在前处理控制窗口的右上角单击 按钮，在弹出对话框中单击 Yes 按钮，设置（2）Top Die -（1）Workpiece 的摩擦因数为 2，同样设置（3）Bottom Die -（1）Workpiece 的摩擦因数为 2，（4）Object4-（1）Workpiece 和（5）Object5 -（1）Workpiece 的摩擦因数为 0，如图 12.15 所示，单击 Generate all 按钮，生成接触关系，然后单击 OK 按钮，关闭对话框。

【KEY 文件下载-第 12 章】

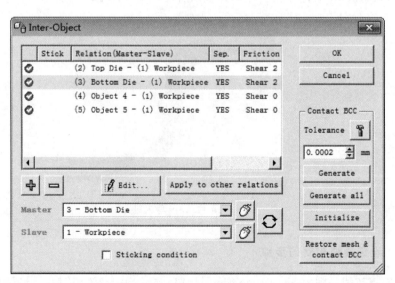

图 12.15　接触关系

12.2.9　检查生成数据库文件

单击 ⊞ 按钮，在弹出的 Database Generation 对话框中单击 <u>Check</u> 按钮检查，单击 <u>Generate</u> 按钮，生成模拟所需 DB 文件。单击 ▯ 按钮，退出前处理，进入主窗口。

12.3　模拟和后处理

在 DEFORM－3D 的主窗口，选择 Simulator 中的 **Run** 选项开始模拟。

模拟完成后，选择 **DEFORM-3D Post** 选项进入后处理。此时默认选中物体 Workpiece，单击 ◉ 按钮，图形区将只显示 Workpiece 一个图形。在 Step 窗口选择最后一步，分析结果如图 12.16 所示。

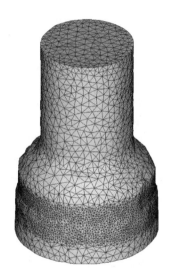

【楔横轧成形
分析】

图 12.16　分析结果

应用案例 12-1

由于 DEFORM－3D 具有灵活的可视化图形界面和强大的网格自动再划分技术和分析功能，使得它在美国、日本、德国等国家的实际生产和科研中得到大量成功的应用，并得到世界同行的公认。为了更好地说明 DEFORM－3D 的各种功能的应用，这里采用楔横轧成形的例子来进行验证。下面以 DEFORM－3D 有限元分析软件作为代表，重点介绍它在楔横轧成形模拟中的应用。

（1）模型建立

DEFORM－3D 支持多种 CAD 系统，如 Pro/E、IDEAS、PATRAN 及 STL/SLA 格式。本模型采用 Pro/E 进行建模，另存为 STL 格式后导入 DEFORM－3D 前处理器。楔横轧三维模型如图 12.17 所示，中间是轧件，上下分别是上轧辊和下轧辊，轧件左右为左挡板和右挡板。

（2）网格划分和再划分

楔横轧成形问题属于准静态大变形动力学计算分析问题。图 12.18 所示为模拟零件在轧制过程中划分的初始网格。DEFORM-3D 的单元类型是经过特殊处理的四面体，四面体单元比六面体单元容易实现网格重划分。DEFORM-3D 有强大的网格自动重划分功能，当初始网格过大或模拟步长过大时，有可能导致模拟过程中出现网格畸变，这时为了保证模拟的正确进行，DEFORM-3D 便启动网格自动重划分功能。

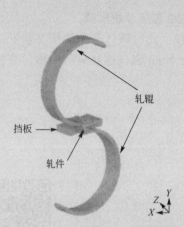

图 12.17　楔横轧三维模型

图 12.18　模拟零件在轧制过程中划分的初始网格

（3）应力和应变分析

应力和应变分析是有限元分析中的重要组成部分。观察轧件的应力应变情况，可以为分析成形过程中的变形趋势及缺陷的产生原因等提供参考依据。图 12.19 为成形过程中轧件的等效应变云图，图 12.20 为成形过程中轧件的最大主应力云图。从图 12.19 及图 12.20 中可以看出，模拟结果较好地反映了轧件在成形过程中的应力应变状态。

Strain–Effective(mm/mm)

$A=0.000$
$B=0.938$
$C=1.88$
$D=2.81$
$E=3.75$
$F=4.69$
$G=5.63$
$H=6.56$
$I=7.50$

Stress–Max principle(MPa)

$A=-240$
$B=-151$
$C=-61.9$
$D=27.2$
$E=116$
$F=205$
$G=294$
$H=383$
$I=473$

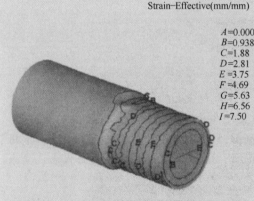

图 12.19　成形过程中轧件的等效应变云图　　　图 12.20　成形过程中轧件的最大主应力云图

（4）温度分析

在轧制过程中，轧件产生了较大塑性变形，机械能转换为热能，并通过与轧辊的接触进行传热。此外，轧件与空气之间也会发生自由换热。图 12.21 所示为模拟成形过程中某一时刻轧件的温度云图，从图中可以清楚地看到此时轧件各部分的温度情况。

（5）金属流动与点的追踪

为了分析楔横轧成形过程中的金属流动，可以采用点追踪的方法，图12.22所示分别为追踪点的初始位置和成形过程中的位置。从图中可以清楚地观察到轧件在成形过程中的金属流动，为进一步分析其规律提供依据。另外，通过追踪点功能还可以得到点在成形过程中的方向应力、最大主应力、方向应变、等效应变、方向应变速率、等效应变速率、温度、位移等参数随变形时间或步数的变化情况。

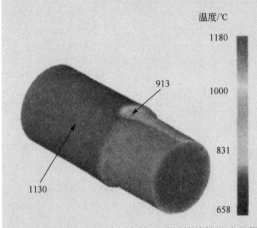

图 12.21　模拟成形过程中某一时刻轧件的温度云图　　图 12.22　追踪点的初始位置和成形过程中的位置

（6）载荷分析

DEFORM-3D 可以得到模具在变形工件上所施加的载荷的大小。图 12.23 所示的时间-载荷曲线中，横坐标为时间，纵坐标为模具 X 向载荷大小。图中纵向长直线与载荷曲线的交点为某个时间所对应的载荷大小，选择不同的时间，长直线就会在那个时间上高亮显示，同时显示对应的载荷值。另外，通过鼠标单击曲线上的点，对应时间模型的模拟情况也会在模型窗口自动显示。

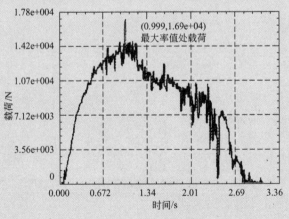

图 12.23　时间-载荷曲线

➡️ 资料来源：刘文科，张康生，王福恒，等. DEFORM-3D 在楔横轧成形模拟中的应用.
冶金设备，2010(3)：52-55.

 综合习题

　　（1）楔横轧成形的原理和特点是什么？

　　（2）试对案例的坯料进行不同数量的网格和步长等模拟参数进行调整，分析楔横轧模拟的特点及模拟难点。

　　（3）楔横轧成形的零件有什么特点？根据产品举例说明。

第13章
摆辗成形分析

 本章学习目标

★ 了解摆辗成形分析的基本设置过程；
★ 掌握摆辗成形模具运动的设置；
★ 掌握坯料进给运动的设置。

 本章教学要点

知识要点	能力要求	相关知识
摆辗成形分析设置	了解摆辗成形分析的基本设置过程	模拟的控制设置，摆辗头的运动设置
摆辗成形模具运动	掌握摆辗头运动的方向、大小及设置方法	摆辗头的运动及合成
坯料运动设置	掌握坯料进给运动的设置	节点的选择，运动的设置

导入案例

摆动辗压（简称摆辗）是利用一个带圆锥的上模对毛坯局部加压并绕中心连续滚动的加工方法。如果圆锥上模母线是一直线，则辗压出的工件上表面为一平面；若圆锥上模母线是一曲线，则工件上表面为一形状复杂的旋转曲面。下模与普通锻造方法的下模形状基本相同。为使上模形状尽量简单，一般都将铸件形状复杂的一面放在下模内成形。图13.0所示为摆辗工作原理。

【摆辗成形】

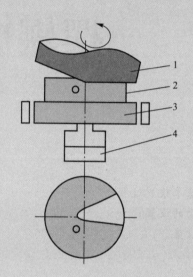

图13.0　摆辗工作原理
1—锥形模具；2—工件；3—滑块；4—油缸

摆辗是21世纪初出现的一种新的压力加工方法。摆辗为连续局部成形，摆头与坯料之间是滚动摩擦，所以它的变形力小，设备投资少，能够代替公称压力是其5～20倍的传统锻压设备，容易实现少无切削加工。摆辗工艺的优点：可以加工外形复杂的零件，尤其适合加工用一般锻造方法无法加工的局部很薄的盘类锻件；具有成形精度高、生产率高、料耗小等特点；摆辗机的振动和噪声小，可改善工人的劳动条件。

本章主要通过摆辗成形案例，使读者了解摆辗成形分析的基本过程，掌握摆辗成形分析中运动等技术的设置。

13.1　分析问题

【STL文件下载-第13章】

图13.1所示为摆辗的有限元模型。
工艺参数如下。
单位：英制（English）
坯料材料（Material）：AISI-1010
温度（Temperature）：68℉

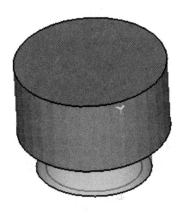

图 13.1 摆辗的有限元模型

13.2 建 立 模 型

13.2.1 创建一个新的问题

在 DEFORM‐3D 的窗口左上角单击 ▣ 按钮，创建新问题。在弹出的问题类型（Problem Type）界面中默认进入普通前处理（DEFORM‐3D preprocessor），单击 Next > 按钮，问题位置界面中使用默认选项（第一个选项），然后单击 Next > 按钮；在下一个界面中输入问题的名称（Problem Name）Orbiting，单击 Finish 按钮，进入前处理模块。

13.2.2 设置模拟控制

单击 ⚙ 按钮，弹出模拟控制（Simulation Controls）对话框，设置模拟名称为 Orbiting，仅激活变形模拟 Deformation，设置单位为英制（English）单位，模拟控制如图 13.2 所示。

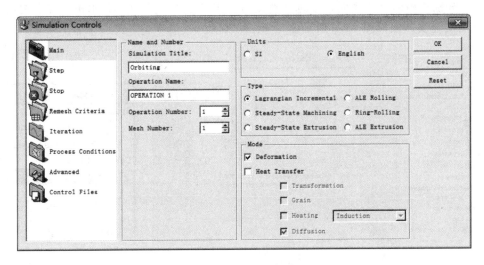

图 13.2 模拟控制

13.2.3 坯料设置

（1）单击 [General] 按钮，物体名称默认 Workpiece 不变，物体类型（Object Type）采用默认的塑性体（Plastic）。

（2）在前处理控制窗口，单击 [9] 按钮，选择材料库中的 Steel→AISI-1010, COLD [70F(20C)]，单击 [Load] 按钮加载。

（3）单击 [Mesh] 按钮，进入网格划分窗口；单击 [Import Mesh...] 按钮，在弹出的对话框中选择 Orbiting_workpiece.UNV 文件，单击 [打开(O)] 按钮导入。导入的坯料网格如图13.3所示。

◇ 提示：可以直接输入网格，也可以由几何体导入后划分。

（4）单击 [Bdry. Cnd.] 按钮，选中 [Velocity] 图标，选中网格的底面，如图13.4所示，方向设为 Z，速度设为 0.01，如图13.5所示，单击 [按钮]。

图13.3 坯料网格

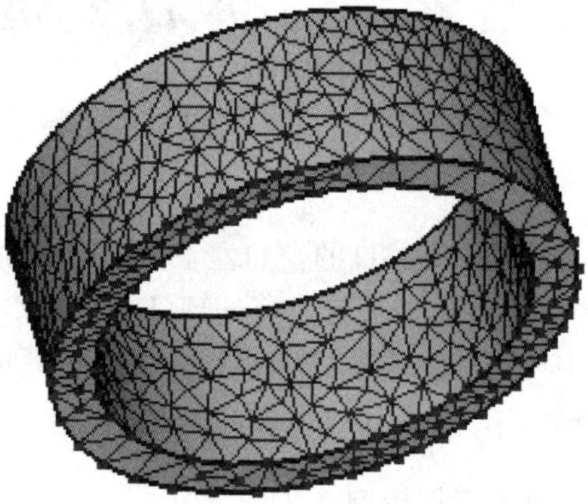

图13.4 速度边界

◇ 提示：相当于下面一个模具将坯料向上顶。

（5）分别选中网格的底面，方向分别设为 X 和 Y，速度设为 0，单击 [按钮] 按钮，设置完成后的速度截面如图13.6所示。

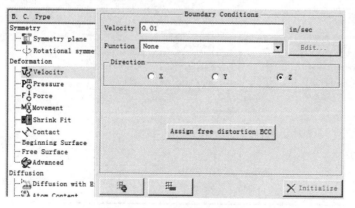

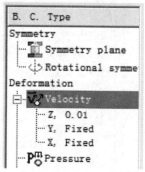

图13.5 边界设置

图13.6 速度截面

13.2.4 上模设置

（1）单击 按钮，进入物体窗口，可以看到在 Objects 列表中增加了一个名为 Top Die 的物体，基本属性设置保持默认。

（2）单击 按钮，接着单击 Import Geo... 按钮，在弹出的对话框中选择 Orbiting_topdie.STL 文件导入。导入的上模几何如图 13.7 所示。

图 13.7　上模几何

（3）单击 按钮，进入物体运动参数设置窗口，选择 Rotation 选项卡，在旋转 1 中速度输入－0.996，旋转轴设置为（0.08676829，0，0.99622852），旋转 2 中速度输入 1，旋转轴设置为 Z，如图 13.8 所示。

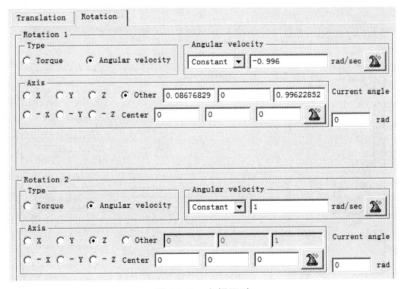

图 13.8　上辊运动

13.2.5 设置模拟控制的步数

单击 按钮，弹出 Simulation Controls 对话框，单击 Step 按钮，设置模拟步数（Number of Simulation Steps）为 1000，设置存储增量（Step Increment to Save）为 50，设置 With Time Increment 为 0.03s，如图 13.9 所示，单击 [OK] 按钮。

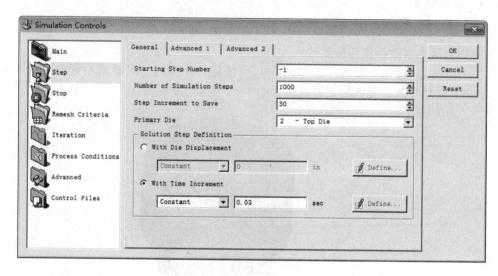

图 13.9　步数设置

13.2.6　定义接触关系

在前处理控制窗口的右上角单击 [图] 按钮，在弹出的对话框中单击 [Yes] 按钮，弹出 Inter-Object 对话框，设置接触关系摩擦因数为 0.12，如图 13.10 所示，单击 [Generate all] 按钮，生成接触关系，然后单击 [OK] 按钮，关闭对话框。

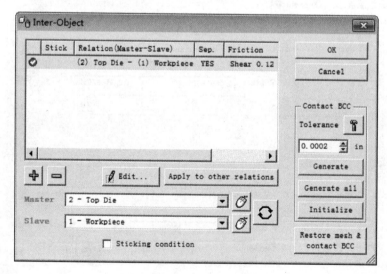

【KEY 文件下载】

图 13.10　接触关系

13.2.7　检查生成数据库文件

单击 [图] 按钮，在弹出的 Database Generation 对话框中单击 [Check] 按钮检查，单击 [Generate] 按钮，生成模拟所需 DB 文件。单击 [图] 按钮，退出前处理，进入主窗口。

13.3　模拟和后处理

在 DEFORM-3D 的主窗口,选择 Simulator 中的 `Run` 选项开始模拟。

模拟完成后,选择 `DEFORM-3D Post` 选项进入后处理。此时默认选中物体 Workpiece,单击 ● 按钮,图形区将只显示 Workpiece 一个图形。在 Step 窗口选择最后一步,其模拟结果如图 13.11 所示。

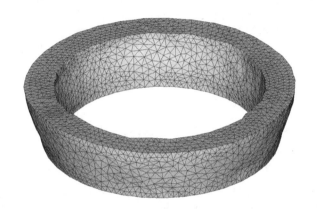

【摆辗成形分析】

图 13.11　模拟结果

应用案例13-1

　　目前,我国利用摆辗机生产半轴类锻件多为二火工艺。此工艺存在氧化皮脱落严重现象,这不仅造成了环境污染,更影响了锻件表面质量。研究一火摆辗技术的目的在于改善二火工艺的不足。该研究借助有限元分析方法,对汽车半轴的一火摆辗工艺进行理论分析。这里所涉及的一火摆辗工艺特点如下:①将传统的预锻坯料两火次加热改为一火次加热;②将传统镦粗工步选择自由锤锻机、液压机等生产设备预成形的方法改进为在摆辗机上连续进料镦粗;③整个锻造过程在一台摆辗机上连续无间断生产;④生产设备设计为双滑块机构,该滑块机构由前后两部分组成。如图 13.12 所示,前后滑块用导杆 5 穿接,凹模 1 固定在前滑块 2 上,主缸活塞杆与后滑块 4 连接,后滑块 4 沿导杆 5 与前滑块 2 可以相对运动。当工作开始时,主缸推动后滑块 4 带动坯料 3 向前送进。此时,前滑块 2 与凹模 1 不动,摆头将挤出的坯料进行镦粗。当盘部成形所需棒料全部挤至凹模 1 时,后滑块 4 与前滑块 2 靠紧,镦粗变形过程结束。当后滑块 4 继续向前推动前滑块 2 及凹模 1 一起运动时,挤辗成形开始,直至半轴法兰盘的最终成形。后桥半轴一火锻造的实现,可提高材料利用率,减少环境污染(特别是噪声污染),改善工人的劳动条件,提高安全性,减轻劳动强度。

（1）有限元模型的建立

图 13.13 所示为控制坯料初始高径比为 0.9 的汽车半轴法兰摆辗有限元模型。

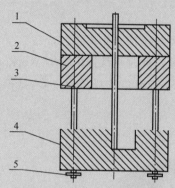

图 13.12　双滑块机构简图
1—凹模；2—前滑块；3—坯料；
4—后滑块；5—导杆

图 13.13　控制坯料初始高径比为 0.9 的汽车
半轴法兰摆辗有限元模型

零件材料取 40Cr 钢，设其为刚黏塑性线性硬化材料，上模和下模均设为刚性体。坯料初始加工温度为 1150℃，模具预热温度为 250℃，材料的本构关系和热物性参数取自 DEFORM 材料库。坯料与模具接触面的换热系数取 3kW·(m² · K)。采用四节点四面体对工件进行网格划分，工件被离散为 70778 个单元和 15913 个节点，在计算过程中单元和节点数目将随网格自动重划分变化。

（2）法兰盘成形有限元模拟及分析

图 13.14 所示为摆头转过 61.9rad 时坯料的形变、等效应变、等效应力。由图可见，随着坯料对上模模腔的不断填充，金属沿径向的积聚明显增大，且有沿上模壁向下流动的趋势。由等效应变图可看出，金属此时沿模腔壁向下流动的趋势大于向上流动的趋势。由等效应力图可看出，工件上表面心部等效应力最大，变形速率也最大，且靠近接触区部位的等效应力大于非接触区，从整体来看，金属流动方向沿切向流动剧烈。上模凹腔的拐点处最不易充满，即为难变形处。在法兰盘和杆部件的角部区域也出现了较大应力和应变速率。此时，坯料的变形属于复合镦粗及反挤压变形。

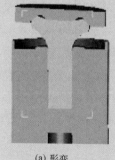

(a) 形变

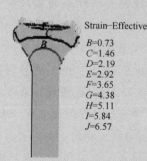

Strain-Effective

$B=0.73$
$C=1.46$
$D=2.19$
$E=2.92$
$F=3.65$
$G=4.38$
$H=5.11$
$I=5.84$
$J=6.57$

(b) 等效应变

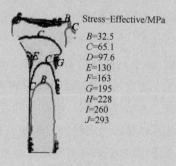

Stress-Effective/MPa

$B=32.5$
$C=65.1$
$D=97.6$
$E=130$
$F=163$
$G=195$
$H=228$
$I=260$
$J=293$

(c) 等效应力

图 13.14　摆头转过 61.9rad 时坯料的形变、等效应变、等效应力

图 13.15 所示为坯料镦粗进给结束时的形变、温度变化及上模载荷曲线。

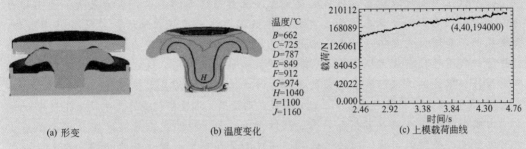

温度/℃
B=662
C=725
D=787
E=849
F=912
G=974
H=1040
I=1100
J=1160

(a) 形变　　(b) 温度变化　　(c) 上模载荷曲线

图 13.15　坯料镦粗进给结束时坯料的形变、温度变化及上模载荷曲线

由形变图可见，当镦粗工步结束时，上模模腔最高点处未被填充完全，这是金属受到上模模壁形状的影响，沿模壁向斜下方流动剧烈的结果。要改善充填效果，可以考虑加大上模侧壁对金属坯料的摩擦力。

由温度变化图可以看出，与模具接触的部位由于热传导使得温降较大，锻件其余部位则由于变形导致温升。其心部及剧烈变形区域由于塑性变形大，产生的绝对温升多，且离模具远，热量传导损失较少，使得其温度变化幅度不大。而在锻件靠近模具的区域，由于变形程度小，其温度变化主要是受接触界面热量交换的控制。

由上模载荷曲线可见，在镦粗过程中，随着摆头与坯料的接触面积不断增加，上模所受的力也随 Δt 的增加而增大。这是由于在变形的初始阶段，随着变形量的增加，锻件内部的位错密度逐渐增加，使得变形抗力逐渐增大。变形抗力增大过程中，热加工动态软化的作用又导致加工硬化速度相对减弱，从而使得曲线呈现非线性变化。由上模载荷曲线图还可以看出，上模载荷的曲线变化是呈脉动式上升的。这是由于在加工过程中，摆头的运动形式为螺旋式进给辗压，且在工作过程中有微小波动。

图 13.16 所示为下模带动坯料进给结束时（即挤辗结束时）金属的形变、等效应力及上模载荷曲线。

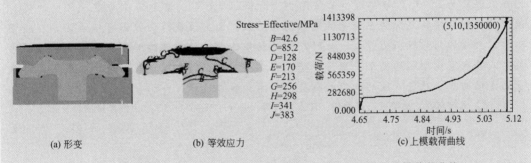

Stress-Effective/MPa
B=42.6
C=85.2
D=128
E=170
F=213
G=256
H=298
I=341
J=383

(a) 形变　　(b) 等效应力　　(c) 上模载荷曲线

图 13.16　下模带动坯料进给结束时金属的形变、等效应力及上模载荷曲线

随着上下模的闭合，在辗压结束时金属在模具和摆头的共同作用下，上模型腔基本充满，下模与杆部拐角处基本充满，下模型腔外缘处有少许间隙未充满且边缘高度大于锻件盘面高度。由于上模相对下模有3°的倾角，故当此阶段结束时，锥体模接触的工件端面为空间螺旋面，当滑块速度减慢到 $v=0$ 时，工件端面出现螺距为 $s\sim0$ 的螺旋面（s 为

每转压下量）。这种状况在后续精整过程中会得到改善。

从等效应力图可以看出，当挤辗结束时法兰盘与杆部的连接处应力最大。由上模载荷曲线图可以看出，金属在此加工过程中的辗压力远大于镦粗阶段，且随着时间增加，上模载荷不断增大直至辗压结束。由此可见，辗压力的最大值应出现在此阶段，通过上模载荷曲线图可判断最大辗压力是否在合理机械性能范围内，这也是衡量工艺参数的选取是否符合机械加工性能要求的关键之处。此加工过程类似开式模锻过程。

图13.17所示为精整两周后法兰盘的最终成形效果、温度场的最终变化及上模载荷曲线。

由成形效果图可见，当整个加工过程结束时，上下模腔完全充满，在分模面上有少许飞边生成，并得到了最终的法兰锻件。通过测量和观察，锻件尺寸精确，盘各曲面较光滑，上表面平整，锻件的终锻成形效果理想。

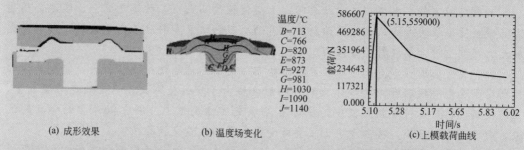

(a) 成形效果   (b) 温度场变化   (c) 上模载荷曲线

图13.17 精整两周后法兰盘的最终成形效果、温度场的最终变化及上模载荷曲线

由温度场变化图可以看出，当整个摆辗过程结束时，锻件法兰盘部分的金属温度范围仍在40Cr钢的热锻温度800～1200℃内。在整个辗压过程中，锻件的纵向和横向的温度分布都是不均匀的：其中形变剧烈的变形区域温度变化幅度不大，即当摆辗结束时，变形复杂的部位温度较高，最高达1090℃，不参与或少参与变形的金属最高温度只有981℃，它们之间的温差达109℃。这是由于在剧烈变形区域内，部分塑性变形功和摩擦功转化为热能的缘故。而在靠近模具且参与变形较少的区域，温度变化幅度明显，工件的最低温度为713℃，与初始加工温度相比降低了437℃。这是工件与空气之间的热对流、热辐射和模具之间的热传导共同作用的结果。由上模载荷曲线图可以看出，在精整阶段，上模的初始辗压力最大，此时，金属在锥体模的局部连续加压下沿下模外缘径向流动，并在下模型腔的约束下变得平整、光滑。图形中斜率较缓的一段为生成飞边时载荷的变化曲线。精整阶段的加工过程类似于闭式模锻过程。

⇨ 资料来源：孙继旺，付建华，李永堂，等. 基于DEFORM-3D的后桥半轴摆辗新工艺分析.
锻压技术，2009，34(3)：160-163.

综合习题

（1）摆辗属于局部成形还是整体成形？其产品特点是什么？精度可以达到多少？

（2）摆辗成形的原理包括几个模具？运动分别由几部分组成？

（3）怎么将模具的运动在软件上合成？模拟参数对摆辗成形的模拟有什么影响？

第14章
旋压成形分析

本章学习目标

★ 了解旋压成形分析的基本设置过程；
★ 掌握旋压模具运动的设置。

本章教学要点

知识要点	能力要求	相关知识
旋压成形分析设置	了解旋压成形分析的基本设置过程	模拟的控制设置，多个模具的运动设置
旋压模具运动设置	掌握旋压工艺各个模具的运动设置	滚轮运动，心轴设置，顶杆设置

导入案例

　　旋压成形技术作为一种先进的塑性成形工艺，是先将金属平板毛坯或预制毛坯卡紧在旋压机的芯模上，由主轴带动芯模和坯料旋转，依靠主芯模和成形刀具使毛坯材料产生连续的、逐点的塑性变形，从而获得各种母线形状的空心旋转体零件。旋压成形原理如图 14.0 所示。铝合金筒形件旋压成形是制造汽车轮毂、车辆制动缸等薄壁件最有效的工艺方法之一。采用旋压工艺所得到的薄壁筒形件精度不逊于切削加工，而材料利用率、力学性能等方面都要优于切削加工，因此，这种方法越来越为人们所重视。

【旋压成形】

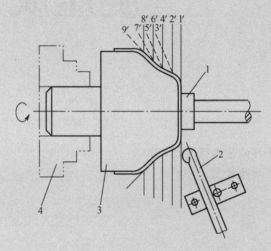

图 14.0　旋压成形原理

1—顶块；2—赶棒；3—模具；4—卡盘；1′～9′—坯料的连续位置

　　本章主要通过一个旋压成形案例的分析，使读者了解旋压成形分析的设置及过程。

14.1　分析问题

　　图 14.1 所示为旋压有限元模型。

【STL 文件下载】

图 14.1　旋压有限元模型

工艺参数如下。

单位:英制(English)

材料(Material)：AISI - 1010

温度(Temperature)：常温(68℉)

14.2 建 立 模 型

14.2.1 创建一个新的问题

在 DEFORM - 3D 的主窗口左上角单击 ▤ 按钮，创建新问题。在弹出的问题类型(Problem Type)界面中默认进入普通前处理(DEFORM - 3D preprocessor)，单击 Next > 按钮，问题位置界面中使用默认选项(第一个选项)，然后单击 Next > 按钮；在下一个界面中输入问题的名称(Problem Name)Spinning，单击 Finish 按钮，进入前处理模块。

14.2.2 设置模拟控制

单击 🔩 按钮，弹出模拟控制(Simulation Controls)对话框，设置模拟名称为Spinning，仅激活变形模拟 Deformation，设置单位为英制(English)单位，此时出现单位转换提示对话框，选第一项，然后单击 OK 按钮，模拟控制如图 14.2 所示。

图 14.2　模拟控制

14.2.3 坯料设置

(1) 单击 General 按钮，物体名称默认 Workpiece 不变，物体类型(Object Type)采用默认的塑性体(Plastic)。

(2) 在前处理控制窗口，单击 🔲 按钮，选择材料库中的 Steel→AISI - 1010，COLD [70F(20C)]，单击 Load 按钮加载。

(3) 单击 Mesh 按钮，进入网格划分窗口；单击 Import Mesh... 按钮，在弹出的对话框中导入 Spinning _ workpiece. UNV 文件。导入的坯料网格如图 14.3 所示。

图 14.3　坯料网格

14.2.4　滚轮设置

（1）单击 🔍 按钮，进入物体窗口，可以看到在 Objects 列表中增加了一个名为 Top Die 的物体，基本属性设置保持默认。在名字窗口，将 Top Die 改为 Spin Tool，单击 Change 按钮。

（2）单击 □Geometry 按钮，接着单击 📂Import Geo... 按钮，在弹出的对话框中选择 Spinning _ Spintool. STL 文件导入。导入的滚轮几何如图 14.4 所示。

图 14.4　滚轮几何

（3）单击 🔢Movement 按钮，进入物体运动参数设置窗口，选择 Rotation 选项卡，在旋转 1 中将角速度模式改为 f(time)，随时间变化，旋转轴输入（−0.70710678，0，0.70710678），旋转中心为（2，0，1.3068），旋转 2 速度输入 6.28，旋转轴为 Z，旋转中心为（0，0，0），如

| Translation | Rotation |

Rotation 1
Type
○ Torque　● Angular velocity
Angular velocity
f(time) ▼　Define function...
Axis
○ X　○ Y　○ Z　● Other　−0. 70710678　0　0. 70710678
○ −X　○ −Y　○ −Z　Center　2　0　1. 3068
Current angle
0　rad

Rotation 2
Type
○ Torque　● Angular velocity
Angular velocity
Constant ▼　6. 28　rad/sec
Axis
○ X　○ Y　● Z　○ Other　0　0　1
○ −X　○ −Y　○ −Z　Center　0　0　0
Current angle
0　rad

图 14.5　上辊运动

图 14.5 所示，单击 Define function... 按钮，在弹出的对话框中，时间和角速度设置为(0，4.6472)和(1，5.0652)，如图 14.6 所示，单击 Apply 按钮，出现速度曲线，如图 14.7 所示，单击 OK 按钮，关闭对话框。

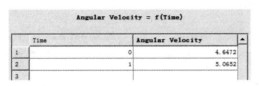

Angular Velocity = f(Time)		
	Time	Angular Velocity
1	0	4.6472
2	1	5.0652
3		

图 14.6　速度设置

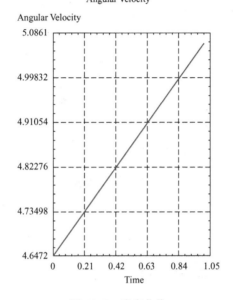

图 14.7　速度曲线

14.2.5　心轴设置

(1) 单击 🔍 按钮，进入物体窗口，可以看到在 Objects 列表中增加了一个名为 Bottom Die 的物体，基本属性设置保持默认。在名称窗口，将 Bottom Die 改为 Mandrel，单击 Change 按钮。

(2) 单击 Geometry 按钮，接着单击 Import Geo... 按钮，在弹出的对话框中选择 Spinning_Mandrel.STL 文件导入。导入的心轴几何如图 14.8 所示。

图 14.8　心轴几何

（3）单击 ![Movement] 按钮，进入物体运动参数设置窗口，在运动控制窗口，设置参数 Direction 为 Z，Speed 为 0.1，如图 14.9 所示。

```
Translation | Rotation
┌─Type───────────────────────────────────────────────────────────────────┐
│  ● Speed          ○ Hammer          ○ Mechanical press   ○ Sliding die   │
│  ○ Force          ○ Screw press     ○ Hydraulic press    ○ Path          │
└──────────────────────────────────────────────────────────────────────────┘
┌─Direction──────────────────────────────────────────────────────────────┐
│  ○ X   ○ Y   ● Z   ○ Other      [0]         [0]          [1]             │
│  ○ -X  ○ -Y  ○ -Z  Current stroke [0]       [0]          [0]       in    │
└──────────────────────────────────────────────────────────────────────────┘
┌─Specifications─────────────────────────────────────────────────────────┐
│  ● Defined                          ○ User Routine                       │
└──────────────────────────────────────────────────────────────────────────┘
┌─Defined────────────────────────────────────────────────────────────────┐
│  ● Constant                         ○ Function of time                   │
│  ○ Function of stroke               ○ Proportional to speed of other object│
│                                                                          │
│              Constant value [0.1]        in/sec                          │
└──────────────────────────────────────────────────────────────────────────┘
```

图 14.9　心轴运动

14.2.6　顶杆设置

（1）单击 ![] 按钮，进入物体窗口，可以看到在 Objects 列表中增加了一个名为 Object4 的物体，基本属性设置保持默认。在名称窗口，将 Object 4 改为 Tailstock，单击 ![Change] 按钮。

（2）单击 ![Geometry] 按钮，接着单击 ![Import Geo...] 按钮，在弹出的对话框中选择 Spinning _ Tailstock.STL 文件导入。导入的顶杆几何如图 14.10 所示，导入完成后视图区域如图 14.11 所示。

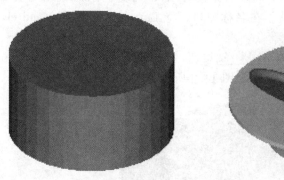

图 14.10　顶杆几何

图 14.11　分析几何

（3）单击 ![Movement] 按钮，进入物体运动参数设置窗口，在运动控制窗口，设置参数 Direction 为 Z，Speed 为 0.1，如图 14.12 所示。

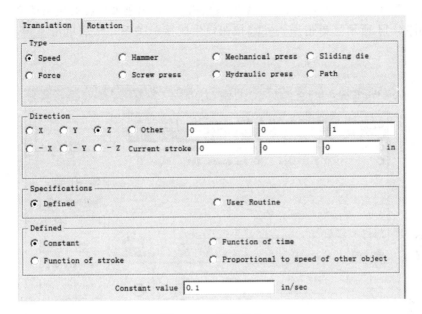

图 14.12　顶杆运动

14.2.7　设置模拟控制的步数

单击 按钮，弹出 Simulation Controls 对话框，单击 Step 按钮，设置模拟步数（Number of Simulation Steps）为 1000，设置存储增量（Step Increment to Save）为 10，设置 With Time Increment 为 0.002s，步数设置界面如图 14.13 所示，单击 OK 按钮，完成设置。

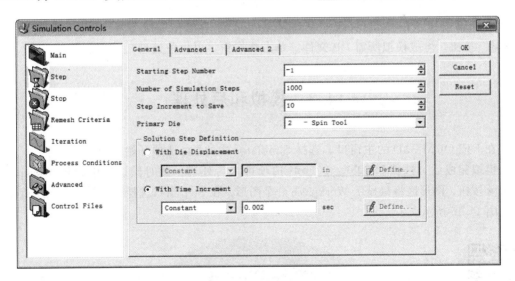

图 14.13　步数设置

14.2.8　定义接触关系

在前处理控制窗口的右上角单击 按钮，在弹出的对话框中单击 Yes 按钮，设置（2）Spin Tool-（1）Workpiece 的摩擦因数为 0.1，另外两组接触关系的摩擦因数设置为 1，如图 14.14 所示，单击 Generate all 按钮，生成接触关系，然后单击 OK 按钮，关闭对话框。

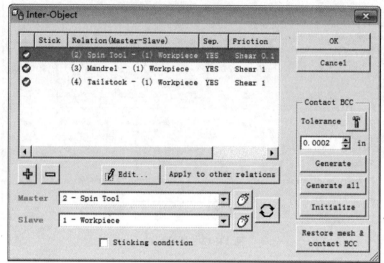

【KEY 文件下载-第 14 章】

图 14.14　接触关系

◇ 提示：心轴和顶杆的作用是夹持材料，所以摩擦因数取得很大。

14.2.9　检查生成数据库文件

单击 按钮，在弹出的 Database Generation 对话框中单击 Check 按钮检查，单击 Generate 按钮，生成模拟所需 DB 文件。单击 按钮，退出前处理，进入主窗口。

14.3　模拟和后处理

在 DEFORM-3D 的主窗口，选择 Simulator 中的 **Run** 选项开始模拟。

模拟完成后，选择 **DEFORM-3D Post** 选项进入后处理。此时默认选中物体 Workpiece，单击 按钮，图形区将只显示 Workpiece 一个图形。在 Step 窗口选择最后一步，显示旋压结果如图 14.15 所示。

【旋压成形分析】

图 14.15　旋压结果

应用案例14-1

DEFORM-3D不仅能够分析金属成形过程中多个关联对象耦合作用下的变形和热特性，而且能够在考虑变形热效应及工件与模具和周围介质热交换的情况下，确定变形的应力、应变和温度分布，从而给铝合金旋压工艺优化和模具设计提供了明确的指导，为实际生产提供了理论支持。这里运用DEFORM-3D建立铝合金筒形件仿真模型，对旋压成形过程进行数值模拟。

（1）模型的建立

首先在三维造型软件Pro/E中建模，然后导入DEFORM-3D。DEFORM-3D具有强大的网格自动划分功能，所采用的单元类型是经过特殊处理的四面体，容易实现网格的自动划分。网格大小的选取以保证精度、尽量降低运算量为原则，同时又要能够准确反映零件的各个细微特征。因此采用四节点四边形单元对毛坯进行网格划分，毛坯划分为41277个节点，184277个单元，如图14.16所示。其中毛坯定义为弹塑性体，芯模、旋轮与尾顶块定义为刚性体，不需要进行网格划分和材料定义。

（2）模拟方案的设定

在实际加工中，芯模、旋轮、毛坯三者之间的相对运动比较复杂。一方面，毛坯和芯模在主轴的带动下做旋转运动；另一方面，旋轮沿着轴向进给，并且由于摩擦力的作用而绕自身轴心旋转。为了便于旋压过程的模拟计算和结果的准确性，在建立有限元模型时采用相对运动的方式，即假定毛坯和芯模、尾顶块固定不动，旋轮绕着X轴（旋转中心轴）沿毛坯表面做旋转运动和轴向运动，其摩擦因数设定为0.12。将毛坯和芯模、毛坯和尾顶块的接触处定义为约束状态，芯模、尾顶块在X、Y、Z方向的位移和绕三个轴的转动速度均定义为0，这样模拟与实际的旋压过程就是等价的，其有限元模型如图14.17所示。

图14.16 毛坯网格划分

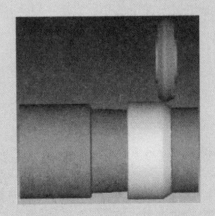

图14.17 有限元模型

影响铝合金旋压成形的工艺参数有很多，主要有壁厚减薄率、旋轮进给率、主轴转速、旋压温度等。考虑到实际生产中采用冷旋工艺，所以旋压温度取室温为20℃；主轴转速对旋压成形的影响较小，但是适当的转速可以改善零件表面的粗糙度并提高生产效率。当主轴转速高时，相当于单位时间内变形区的面积增加，有效限制了变形时材料的周向流动，工件变形条件得以改善，保证了工件有较高的尺寸精度和表面质量，但是过高的转速会使机床产生振动，因此把主轴转速设定为400r/min。旋压模拟工艺参数数值选择见表14-1。

表14-1 旋压模拟工艺参数数值选择

旋压温度 t /℃	主轴转速 n /(r·min^{-1})	壁厚减薄率 D_t /(%)	旋轮进给率 f /(mm·r^{-1})
20	400	30、50、70	0.5、0.75、1.0

（3）模拟结果分析与讨论

选择表14-1中不同的壁厚减薄率和旋轮进给率进行组合，然后得到几组数值进行模拟。在每组模拟计算中，旋压温度和主轴转速均保持不变。

壁厚减薄率反映了工件的变形程度，是壁厚减小量与初始壁厚的比值。在旋压过程中，壁厚减薄率是变形区的一个主要工艺参数，因为它直接影响到旋压力和旋压尺寸的大小及旋压精度。当壁厚减薄率为70%时，旋轮下方容易产生金属堆积，工件表面不光滑，出现微波纹、折叠等现象，如图14.18所示。同时，旋压力及各向载荷都达到最大值，增加了设备的吨位。当壁厚减薄率为30%时，会引起工件厚度变形不均匀，导致工件内表面变形不充分而出现裂纹，如图14.19所示。因此50%的壁厚减薄率最为合适，既能得到成形质量良好的工件，又能提高生产效率，如图14.20所示。如果一次成形得不到所需工件，可以分多道次进行旋压，每道次减薄率应逐渐增大，道次减薄量由大到小依次递减。

图14.18 工件表面出现微波纹、折叠

图14.19 工件内表面变形不充分而出现裂纹

选择旋轮进给率的原则是在可能的条件下尽量取大一些。进给量对旋压过程影响很大，与零件的尺寸精度、表面粗糙度、旋压力的大小和毛坯的减薄率都有密切的关系。当进给率为1.0mm/r时，旋轮前面易形成凸起，导致材料堆积，出现起皱及起皮，如图14.19所示；当进给率为0.5mm/r时，由于弹性变形的缘故，使本来就很小的材料变形流动量分布在沿壁厚方向不同的流动面上，引起材料的夹层和破裂现象。因此取进给率为0.75mm/r，既有利于旋压件贴模，又有利于提高零件的表面质量，提高生产效率，如图14.20所示。

采用各组不同的工艺参数进行模拟后，根据工件的表面成形质量及精度的好坏，得到了一组较优的数值（壁厚减薄率为50%，旋轮进给率为0.75mm/r），如图14.20所示，再用这组优化的工艺参数进行模拟，得到了最终的成形网格图，如图14.21所示。

图 14.20　成形质量良好的工件　　　　　　图 14.21　工件成形网格

　　利用这组最优化的工艺参数进行模拟，从图 14.22 可以看出，成形过程中，随着旋轮在毛坯上的轴向进给，毛坯受到了旋压力的作用。在毛坯与旋轮的接触区域，应力最大，达到了 327MPa，等效应力达到了屈服强度，接触区金属在旋压力作用下发生了塑性变形，并向旋轮运动方向发生流动。同时，在旋轮周围的圆周上等效应变也比较大，但其变化幅度不大，在远离旋轮的初始阶段，等效应变几乎为 0，如图 14.23 所示。

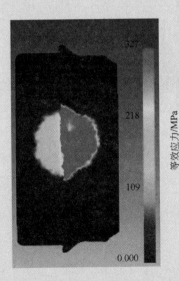

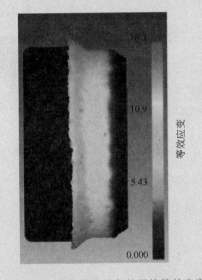

图 14.22　最优化模拟条件下的等效应力　　　图 14.23　最优化模拟条件下的等效应变

　　旋压过程中，在工件与旋轮的接触面上会产生一定的旋压力。旋压力一般可分解为互相垂直的 3 个分力，其中 X 方向的旋压力为轴向旋压力，Y 方向的旋压力为径向旋压力，Z 方向的旋压力为切向旋压力。由图 14.24～图 14.26 可以看出，随着旋压过程的进行，各向旋压分力都是先逐渐增大，然后趋于相对平稳，在旋压进行到一定程度时，旋压分力出现最大值，随后旋压分力逐渐减小。这主要是由于在旋压进行时，材料的隆起和堆积逐渐增加，旋轮与毛坯接触面积增大，使得旋压的相对压下量增大；当进行到一定程度后，材料的隆起和堆积程度又开始减小的缘故。在旋压力的各个分力中，径向旋压力和总旋压力大小相近，又远大于轴向旋压力和切向旋压力。

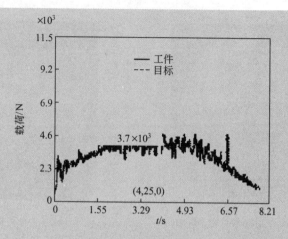

图 14.24　X 向旋压力

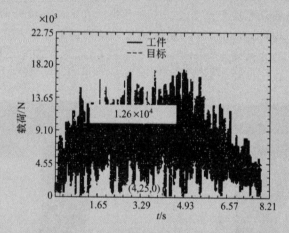

图 14.25　Y 向旋压力

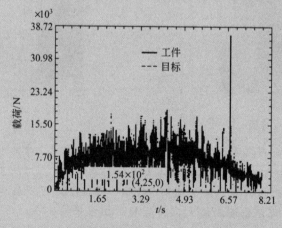

图 14.26　Z 向旋压力

➡ 资料来源：刘陶，龙思远. 基于 DEFORM-3D 的铝合金筒形件旋压成形过程数值模拟.
锻压技术：特种铸造及有色合金，2010，30(6)：22-24，106.

**综合习题**

（1）旋压的成形原理是什么？在模拟分析的时候如何简化？用 DEFORM - 3D 和板料成形分析软件对结果有什么影响？

（2）旋压的模具动作如何用直线和旋转运动合成？

（3）旋压在网格划分和模拟参数选择时有什么特点？

第15章
断裂分析

 本章学习目标

★ 了解断裂工艺分析的基本设置过程；
★ 掌握坯料材料断裂准则的设置。

 本章教学要点

知识要点	能力要求	相关知识
断裂工艺分析设置	了解断裂工艺分析的基本设置过程	模拟的控制设置，断裂分析所需选项
断裂准则	掌握坯料材料断裂准则的设置	断裂准则类型和值，网格删除准则

导入案例

在金属成形和加工工艺中，不可避免地会出现材料的断裂现象，这种现象有利有弊。例如，对于拉深工艺中的破裂、挤压工艺的十字和人字裂纹、锻造工艺的开裂等，断裂是成形过程中需要避免的主要缺陷之一，设计时必须避免出现断裂现象。而对于冲裁、切料的材料分离，切削工艺的切屑，断裂往往是不可避免的。所以，合理地预测加工工艺中裂纹的产生及准确分析有断裂现象的产品最终形貌，对现代研究和设计具有举足轻重的作用。

随着数字化在模拟仿真及制造业中的广泛应用，材料模型至关重要。对于合理利用材料的断裂行为，减少金属成形工艺中不必要的断裂危险，有限元仿真可以提供强有力的保证。准确地对材料的断裂行为进行模拟仿真，除了能够准确处理材料的非线性、几何的非线性及边界条件的非线性等问题以外，对模拟过程材料断裂的判定和材料断裂后网格的调整和重划分显得尤为重要。网格的删除和重划分技术主要为软件开发商研究的对象，对于一般科技研究人员来说，断裂准则的准确获得是金属断裂行为数值模拟仿真的最关键因素。

【落料】

本章主要通过冲裁案例，使读者了解断裂分析的基本操作，掌握实现断裂分析的具体设置。

15.1 分析问题

图 15.1 所示为冲裁成形的有限元模型。

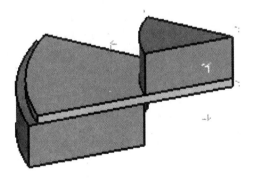

【STL 文件下载-第 15 章】

图 15.1　冲裁成形的有限元模型

工艺参数如下。

单位：国际单位制（SI）

坯料材料（Material）：AISI - 1010

温度（Temperature）：20℃

速度：1mm/s

15.2 建 立 模 型

15.2.1 创建一个新的问题

在 DEFORM - 3D 主窗口左上角单击 按钮，创建新问题。在弹出的问题类型（Problem Type）对话框中默认进入普通前处理（DEFORM - 3D preprocessor），单击 Next > 按钮，问题位置对话框中使用默认选项（第一个选项），然后单击 Next > 按钮；在下一个对话框中输入问题的名称（Problem Name）Blanking，单击 Finish 按钮，进入前处理模块。

15.2.2 设置模拟控制

单击 按钮，弹出模拟控制（Simulation Controls）对话框，设置模拟名称为 Blanking，仅激活变形模拟 Deformation，设置单位为国际单位（SI 单位），此时弹出单位转换提示对话框，选第一项，然后单击 OK 按钮，模拟控制如图 15.2 所示。

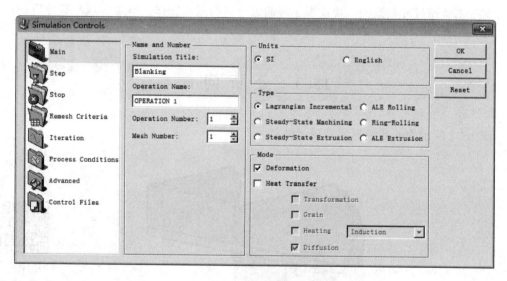

图 15.2　模拟控制

15.2.3 材料设置

（1）单击 按钮，弹出图 15.3 所示的材料设置对话框。

（2）单击 Load from lib. 按钮，在弹出的对话框中选择 Steel→AISI - 1010,COLD［70F(20C)］选项，如图 15.4 所示，单击 Load 按钮加载。

（3）在材料设置对话框中选择 Advanced 选项卡，裂纹设置如图 15.5 所示，单击 按钮，在弹出的对话框中输入 0.45，如图 15.6 所示。单击 OK 按钮，关闭断裂资料对话框。单击 Close 按钮，关闭材料对话框。

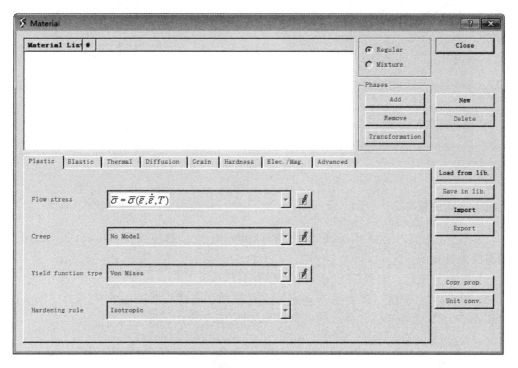

图 15.3 材料设置

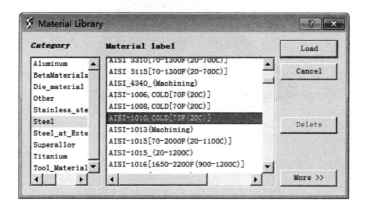

图 15.4 材料选取

图 15.5 断裂模型

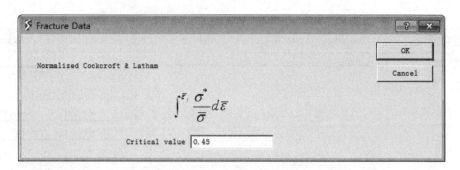

图 15.6　断裂准则

15.2.4　坯料设置

（1）单击 ![General] 按钮，物体名称默认 Workpiece 不变，物体类型（Object Type）采用默认的塑性体（Plastic）。

（2）单击 ![▾] 按钮，选择 AISI-1010, COLD[70F(20C)] 选项。

（3）单击 ![Mesh] 按钮，接着单击 ![Import Mesh...] 按钮，在弹出的对话框中选择 Blanking_workpiece. UNV 文件导入。导入的坯料网格如图 15.7 所示。

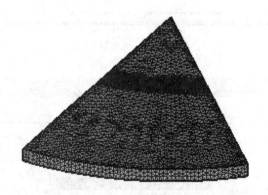

图 15.7　坯料网格

（4）单击 ![Bdry Cnd] 按钮，选中 ![Symmetry plane] 图标，分别选中坯料的两个对称面，单击 ![↗] 按钮，增加（0，-1，0）和（-0.707，0.707，0）对称面。

（5）单击 ![Properties] 按钮，选择 ![Fracture] 选项卡，practure elements 设置为 4，如图 15.8 所示。

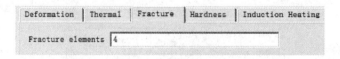

图 15.8　断裂单元

15.2.5　上模设置

（1）单击 ![🔍] 按钮，进入物体窗口，可以看到在 Objects 列表中增加了一个名为 Top

Die 的物体，基本属性设置保持默认。

（2）单击 按钮，接着单击 Import Geo... 按钮，在弹出的对话框中选择 Blanking _ Topdie. STL 文件导入。导入的上模几何如图 15.9 所示。

图 15.9　上模几何

（3）单击 按钮，进入物体运动参数设置窗口，Direction 设置为－Z，Constant value 设置为 1，如图 15.10 所示。

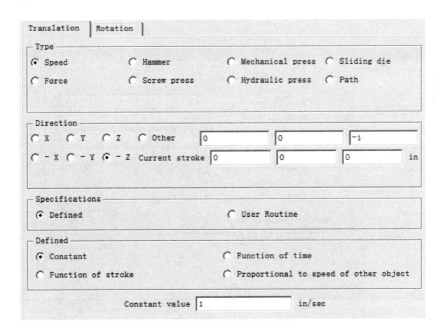

图 15.10　上模运动

15.2.6　下模设置

（1）单击 按钮，进入物体窗口，可以看到在 Objects 列表中增加了一个名为 Bottom

Die 的物体，基本属性设置保持默认。

（2）单击 按钮，接着单击 Import Geo... 按钮，在弹出的对话框中选择 Blanking _ BottomDie. STL 文件导入。导入的下模几何如图 15.11 所示。

图 15.11　下模几何

15.2.7　设置模拟控制的步数

单击 按钮，弹出 Simulation Controls 对话框，单击 Step 按钮，设置模拟步数（Number of Simulation Steps）为 500，设置存储增量（Step Increment to Save）为 25，在下面设置 With Die Displacement 为 0.0025mm，界面如图 15.12 所示，单击 OK 按钮，关闭对话框。

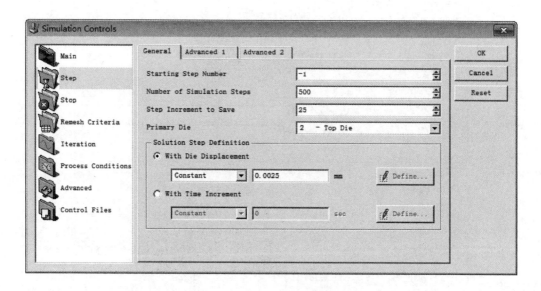

图 15.12　步数设置

15.2.8　定义接触关系

在前处理控制窗口的右上角单击 按钮，在弹出对话框中单击 Yes 按钮，弹出

Inter‐Object 对话框，设置两组接触关系的摩擦因数都为 0.12，如图 15.13 所示，单击 Generate all 按钮，生成接触关系，然后单击 OK 按钮，关闭对话框。

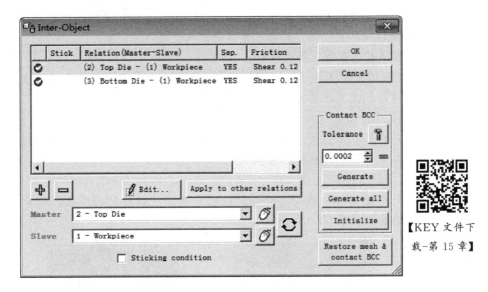

图 15.13　接触关系

15.2.9　检查生成数据库文件

单击 按钮，在弹出的 Database Generation 对话框中单击 Check 按钮检查，然后单击 Generate 按钮，生成模拟所需 DB 文件。单击 按钮，退出前处理，进入主窗口。

15.3　模拟和后处理

在 DEFORM‐3D 的主窗口，选择 Simulator 中的 **Run** 选项开始模拟。

模拟完成后，选择 **DEFORM-3D Post** 选项进入后处理。此时默认选中物体 Workpiece，单击 按钮，图形区将只显示 Workpiece 一个图形。在 Step 窗口选择最后一步，如图 15.14 所示。

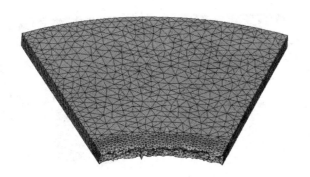

【断裂分析】

图 15.14　分析结果

应用案例15-1

根据精冲的工作状况，利用塑性成形计算机模拟软件可以对精冲的过程和各影响参数进行仿真模拟和参数优化，为精冲模具的设计提供参考。

（1）精冲冲裁过程的计算机模拟

通过 DEFORM - 3D 模拟可清楚地了解精冲过程中金属材料的流动规律。

精冲模具冲孔工艺过程大体上分为四个阶段。

① 弹性变形阶段。

冲孔工作开始，凸模接触材料前施压，使材料产生弹性压缩而在凸模周围发生材料聚集，形成不大的环状凸起（图15.15）。

② 塑性变形阶段。

凸模及压料板施加大压力，达到材料的屈服点，材料向孔周围流动并开始挤入凹模，产生定向塑性流动（图15.16）。

图 15.15　弹性变形阶段　　　　　图 15.16　塑性变形阶段

③ 剪切变形阶段。

当凸模继续下行，材料停止向孔周围流动而大量挤入凹模洞口。此时，凸模刃口部分的材料达到材料的抗剪强度，故首先在发生应力集中的锋利刃口处产生显微裂纹，但没有剪裂（图15.17）。

④ 剪裂变形阶段。

凸模下行到一定程度，显微裂纹在金属材料内部扩展，并使材料沿凹模刃口出现剪切裂纹，开始断裂（图15.18）。

图 15.17　剪切变形阶段　　　　　图 15.18　剪裂变形阶段

通过 DEFORM-3D 模拟可清楚地了解精冲过程中金属材料的流动规律，由图可知：初始凸模压入毛坯到零件从坯料上分离之前，网格都是连续的，没有被切断，说明软材料的精冲过程是金属的流动过程，这一点与普通冲裁的剪裂不同。凹模圆角可有效地抑制剪切过程的发生，材料是在挤压和弯曲的复合作用下流入凹模的。精冲过程的变形区特别集中，主要集中在凸、凹模刃口附近。

（2）精冲工艺的数值模拟分析

模拟不同剪切间隙与刃口圆角值下的精冲零件的成形过程，观察分析零件断面情况、等效应力图损伤程度及压力行程曲线情况。

当剪切间隙为 0.02mm，刃口圆角为 0.02mm 时，模拟结果为最佳。其零件等效应力图如图 15.19 所示。

图 15.19 零件等效应力图

根据模拟结果可知：当精冲模具参数的取值较为合理时，精冲零件剪切面质量较好，光洁切面所占料厚的比例大，零件断面垂直度较高，等效应力应变状态良好，没有应力集中现象产生，材料没有明显的损伤。

▷ 资料来源：罗静，邓明，胡建军. 精冲过程的计算机模拟及工艺参数优化. 锻压装备与制造技术，2005，40(4)：72-74.

综合习题

（1）常见的断裂准则是什么？试表述其原理。

（2）常见成形工艺的断裂行为包括哪些？产生的力学原因是什么？

（3）试述断裂在成形中的优缺点。如何消除其缺点，利用其优点？

第16章
模具磨损分析

本章学习目标

★ 了解模具磨损分析的基本设置过程；
★ 掌握模具磨损材料的磨损模型设置；
★ 掌握模具材料硬度的设置。

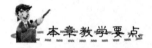

本章教学要点

知识要点	能力要求	相关知识
模具磨损分析	了解模具磨损分析的基本设置过程	分析磨损类型，模具材料性能
模具磨损	掌握模具磨损材料的磨损模型设置	磨损类型，磨损参数
模具材料硬度	掌握模具材料硬度的设置	单元的选择，硬度的分配

![导入案例]

在金属加工过程中，导致模具失效的因素主要有磨损、塑性变形及断裂。其中，由于塑性变形和断裂而导致的模具失效，可以通过模具的合理设计及模具材料的合理选择来减少。模具的磨损是由模具与工件的接触造成的，因此磨损导致的模具失效难以控制。如果能利用有限元建立成形工艺参数与模具磨损量的关系，就能更好地指导模具设计与生产，从而提高模具的使用寿命。

本章案例通过分析挤压过程中模具的磨损量，使读者掌握成形工艺中模具磨损的分析过程。

16.1　问 题 分 析

此案例是一个反挤压工序，计算模型如图 16.1 所示。

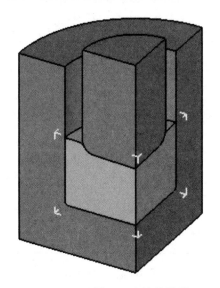

【STL 文件下载-第 16 章】

图 16.1　反挤压工序计算模型

工艺参数（几何体和工具采用 1/4 分析）如下。

单位：英制（English）

工件材料（Material）：AISI-1010

模具材料（Die Material）：AISI-H-13

温度（Temperature）：常温（68℉）

上模速度：1in/s

模具行程：1.5in

16.2 建立模型

16.2.1 创建一个新的问题

在 DEFORM－3D 的主窗口左上角单击 📄 按钮，建立新问题，在弹出的问题类型（Problem Type）界面中默认进入普通前处理（DEFORM－3D preprocessor），单击 Next> 按钮，问题位置界面中使用默认选项（第一个选项），然后单击 Next> 按钮；在下一个界面中输入问题名称（Problem Name）Toolwear（模具磨损），如图 16.2 所示。单击 Finish 按钮，进入前处理模块。

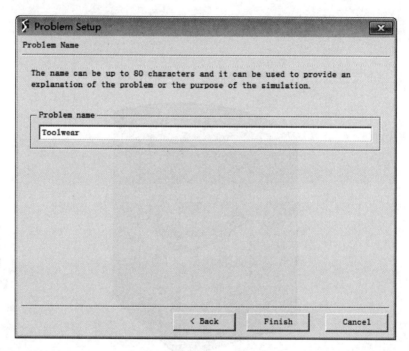

图 16.2 问题名称

16.2.2 设置模拟控制

（1）单击 🔧 按钮，弹出模拟控制对话框，设置单位为英制（English）单位，模拟类型为拉格朗日增量法（Lagrangian Incremental），选中成型（Deformation）复选框和热传递（Heat Transfer）复选框，如图 16.3 所示。

（2）单击 📐step 按钮，设置起始步为－1，模拟步数为 75 步，每 5 步保存一次。控制方法定义为步长增量，并设为 0.02in/step，如图 16.4 所示，单击 OK 按钮，退出控制对话框。

16.2.3 导入毛坯几何文件

单击 🔧 按钮两次，增加工具上模和下模。

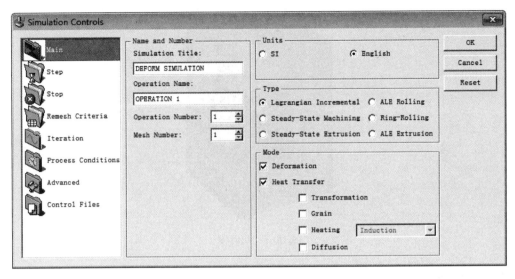

图 16.3　模拟控制

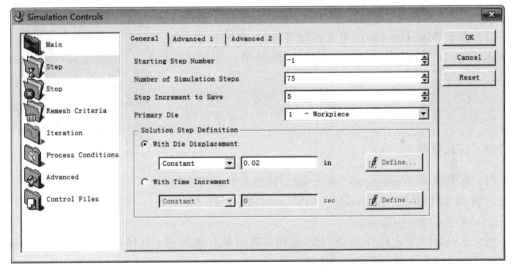

图 16.4　步数控制

（1）选中物体 Workpiece，单击 按钮，接着单击 Import Geo... 按钮，在弹出的对话框中选择安装目录 V10－2\3D\LABS 的 Tool _ Wear _ Lab1 _ Workpiece . STL 文件导入。

（2）选中物体 Top Die，单击 按钮，接着单击 Import Geo... 按钮，在弹出的对话框中选择安装目录 V10－2\3D\LABS 的 Tool _ Wear _ Lab1 _ Punch. STL 文件导入。

（3）选中物体 Bottom Die，单击 Geometry 按钮，接着单击 Import Geo... 按钮，在弹出的对话框中选择安装目录 V10－2\3D\LABS 的 Tool _ Wear _ Lab1 _ Die. STL 文件导入。导入的几何体如图 16.5 所示。

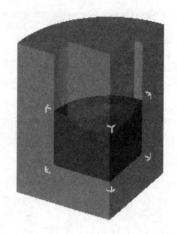

图 16.5　几何体

16.2.4　网格划分

（1）选中物体 Workpiece，单击 Mesh 按钮，在网格数目窗口输入 25000，单击 Generate Mesh 按钮，生成网格。

（2）选中物体 Top Die，单击 Mesh 按钮，在网格数目窗口输入 35000，单击 Generate Mesh 按钮，生成网格，如图 16.6所示。

◇ 提示：对于模具的磨损估计来说，当然是网格越多越好。此案例不考察下模的磨损状况，所以不需要划分网格。

16.2.5　定义材料

（1）选中物体 Workpiece，单击 General 按钮，然后单击 按钮，选择材料库中的 Steel→AISI - 1010COLD〔TOF (20C)〕，单击 Load 按钮。

图 16.6　模拟网格

（2）选中物体 Top Die，单击 General 按钮，然后单击 按钮，选择材料库中的 Die_material→AISI - H - 13，单击 Load 按钮。

16.2.6　边界条件定义

（1）选中物体 Workpiece，单击 Bdry. Cnd. 按钮，选中对称面选项（Symmetry Plane），分别选择坯料的两个对称面，并单击 按钮。选中热交换面（Heat Exchange with Environment）图标，选择坯料除对称面之外的所有面，单击 按钮。

（2）选中物体上模，单击 Bdry. Cnd. 按钮，选中热交换面（Heat Exchange with Environment）图标，选择上模除对称面外的所有面，单击 按钮。

16.2.7　定义对称面

（1）选中上模，单击 General 按钮，选择 Symmetric Surface 选项卡，分别单击上模的两个对称面，并单击 Add 按钮。

（2）选中下模，单击 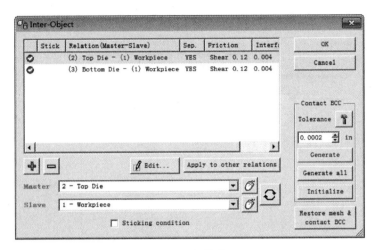 按钮，选择 Symmetric Surface 选项卡，分别单击下模的两个对称面，并单击 Add 选项卡。

16.2.8 定义物体间关系

（1）单击 按钮，在弹出对话框中单击 Yes 按钮，同意系统建立默认关系，如图 16.7 所示。

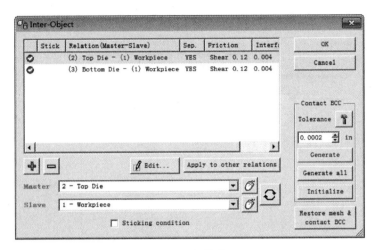

图 16.7 物体关系

（2）双击第一组关系，将摩擦因数设置为 0.12，热传导系数设为 0.004，选择 Tool Wear 选项卡，选中 Define model to calculate tool wear 复选框，选择 Archard 模型并输入 a＝1，b＝1，c＝2 和 k＝0.000002，如图 16.8 所示。单击 Close 按钮，关闭对话框。单击 Apply to other relations 按钮，将第一组关系的设置应用于第二组关系。单击 Generate all 按钮，生成关系。单击 OK 按钮，关闭对话框。

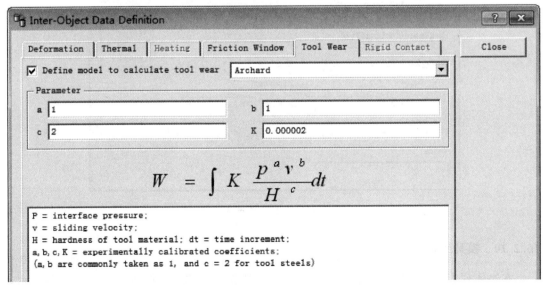

图 16.8 磨损模型

16.2.9　定义材料的硬度

对于工具钢来说，硬度是一个重要的参数。选择上模，单击 [Advanced] 按钮，双击 [Element Data] 图标，选择 [Hardness] 选项卡，如图 16.9 所示。单击 按钮，在弹出的对话框中将值设为 55，如图 16.10 所示，单击 [OK] 按钮，关闭初始单元对话框，单击 [OK] 按钮，关闭单元资料对话框。

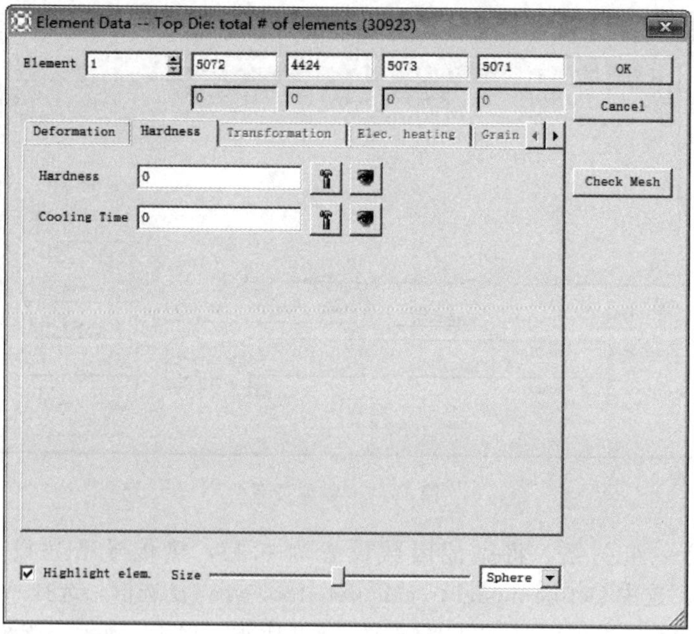

图 16.9　单元资料

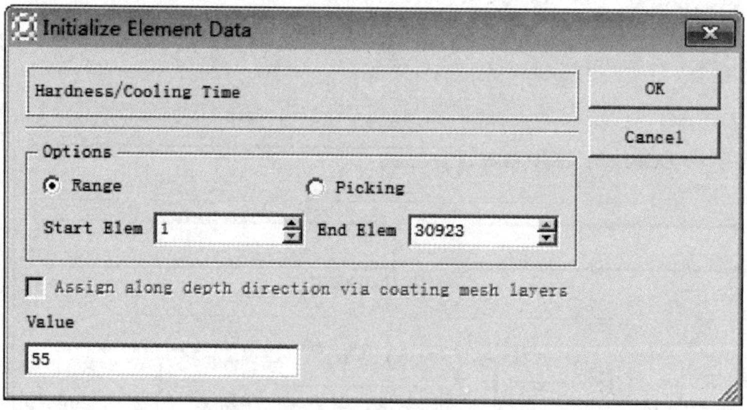

图 16.10　初始单元资料

16.2.10　模具运动

在物体列表中选中物体 Top Die。在物体资料窗口单击 [Movement] 按钮，在运动控制窗口，设置参数 Direction 为 -Z，Constant value 为 1，如图 16.11 所示。

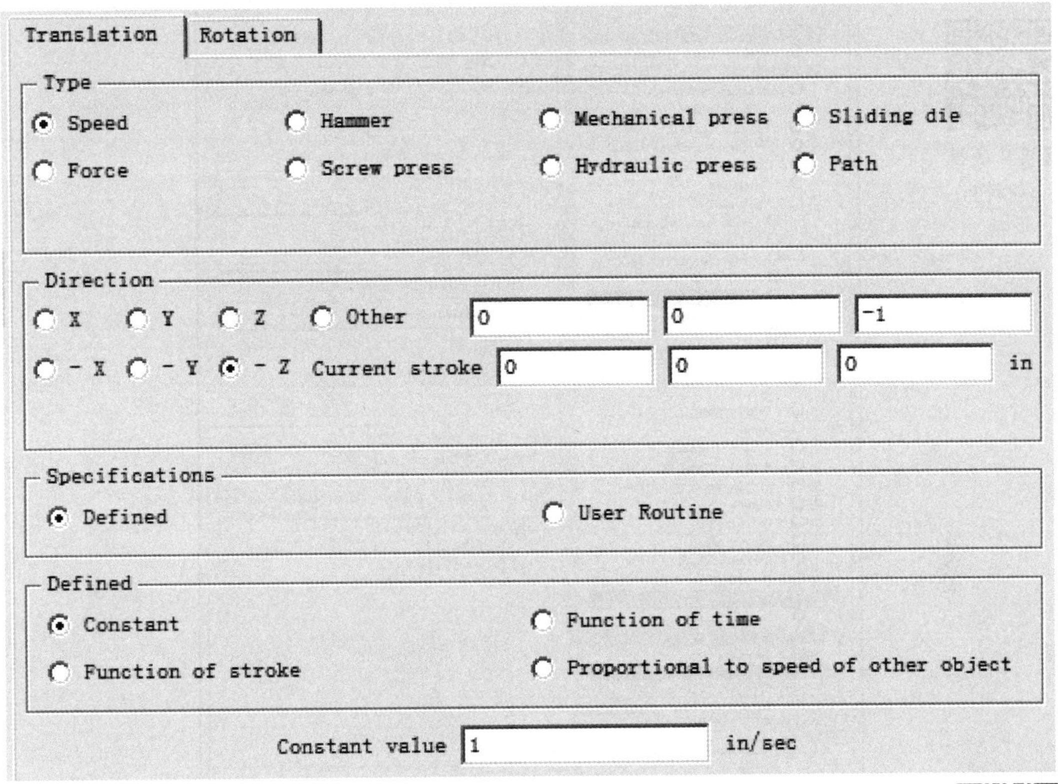

Translation | Rotation

Type
○ Speed   ○ Hammer   ○ Mechanical press   ○ Sliding die
○ Force   ○ Screw press   ○ Hydraulic press   ○ Path

Direction
○ X   ○ Y   ○ Z   ○ Other   [0]   [0]   [-1]
○ -X ○ -Y ⊙ -Z Current stroke [0]   [0]   [0]   in

Specifications
⊙ Defined   ○ User Routine

Defined
⊙ Constant   ○ Function of time
○ Function of stroke   ○ Proportional to speed of other object

Constant value [1]   in/sec

图 16.11　运动设置

【KEY 文件下载-第16章】

16.2.11　检查生成数据库文件

在前处理控制窗口单击 🗄 按钮，单击 `Generate` 按钮，生成模拟所需 DB 文件，然后单击 `Close` 按钮，返回到前处理控制窗口。单击 █ 按钮，退出前处理控制窗口，进入主窗口。

16.3　模拟和后处理

在 DEFORM - 3D 的主窗口，选择 Simulator 中的 **Run** 选项开始模拟。

在 DEFORM - 3D 系统窗口选择 **DEFORM-3D Post** 选项，进入后处理控制窗口。选择模拟最后一步(Step 75)，选中 ⚒ 图标，在变量对话框中选择 Tool Wear 里面的 Wear Depth (Total)，Scaling 选择为 Local，如图 16.12 所示，单击 `Apply` 按钮应用，计算结果如图 16.13 所示。

【模具磨损
分析】

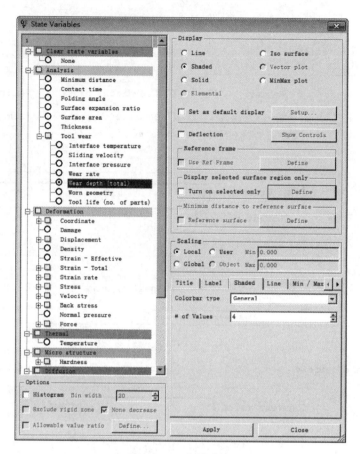

图 16.12　变量选择

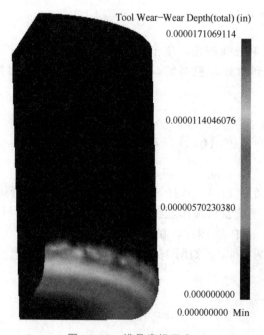

图 16.13　模具磨损深度

应用案例16-1

目前，热挤压模与其他成形模相比寿命普遍较低。对于如何提高热挤压模的寿命，研究人员提出了很多方法，如改进成形工艺、选用先进的模具材料和对模具进行表面强化处理等，但效果都不明显。研究人员普遍认为，在热挤压过程中模具与坯料之间的热交换、坯料变形及坯料与模具表面之间的摩擦引起的表层温度升高对模具抗磨损能力有十分重要的影响。这里采用数值模拟方法对套管叉挤压凸模在成形过程中的磨损状况进行分析，研究模具初始温度与硬度、润滑条件对磨损量的影响规律。

（1）模拟参数设定

有限元数值模拟计算是一种近似数值算法，所以模拟参数的选择就显得尤为重要。这里的模具材料为H13，初始温度为200℃；坯料为AISI-1015，初始温度为950℃；摩擦因子m为0.13，传热系数为11.3W/(m²·K)，对流换热系数为0.02W/(m·K)，辐射系数为0.3，成形速度v为250mm/s。H13与AISI-1015的热导率随温度的变化关系如图16.14、图16.15所示，变化模拟条件见表16-1。采用Archard磨损模型预测模具在成形过程中的磨损量，其表达式为

$$w = \int K \frac{P^a v^b}{H^c} \mathrm{d}t$$

式中，w为磨损深度；P为模具表面正压力；v为滑动速度；a、b、c为标准常数，对钢而言，a、b取1，c取2；K为与材料特性相关的常数，$K = 2 \times 10^{-5}$；H为模具初始硬度（HRC）。

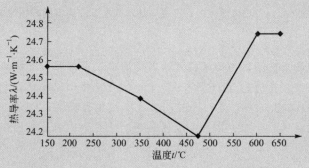

图16.14 H13热导率λ随温度变化的曲线

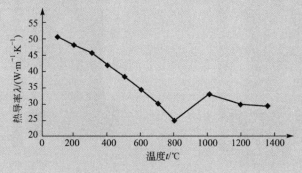

图16.15 AISI-1015热导率λ随温度变化的曲线

表 16-1   变化模拟条件

模具初始硬度 HRC	30，40，45，50，55，60，65（表面处理后）
模具初始温度 t_0/℃	150，200，250，300，350，400，450，500，600
摩擦因子 m	0.15，0.20，0.25，0.30，0.35，0.40，0.45，0.50

（2）模具磨损影响分析

从目前情况看，热成形模失效的基本形式主要有磨损、变形、断裂和疲劳等。在热挤压中最为常见的失效形式为变形和磨损。当模具材料的强度小于坯料的变形抗力时，模具将产生塑性变形而引起失效，而磨损是最为普遍的失效形式。图 16.16 所示为模拟结束时，凸模与坯料网格及凸模磨损分布情况。

图 16.16   模拟结束时，凸模与坯料网格及凸模磨损分布情况

① 初始硬度对磨损量的影响。

图 16.17 所示为模具不同初始硬度下的表面磨损分布情况。当初始硬度为 35HRC 时，一次成形后其最大磨损量达到 30.679×10^{-5} mm，而当初始硬度提高到 65HRC（表面处理后）时，最大磨损量只有 8.895×10^{-5} mm，其抗磨损能力提高近 4 倍。通常情况下，材料的强度越高则韧性越低，所以选择一个最佳的硬度范围以达到最优的强韧性搭配是提高模具耐磨能力的关键。图 16.18 所示为模具初始硬度与模具表面最大磨损量 w 的关系。

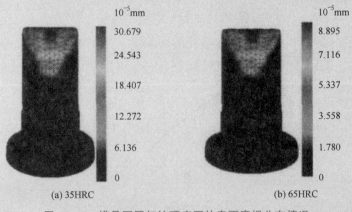

(a) 35HRC   (b) 65HRC

图 16.17   模具不同初始硬度下的表面磨损分布情况

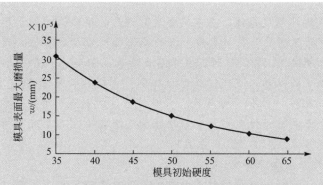

图 16.18 模具初始硬度与模具表面最大磨损量 w 的关系

② 初始温度对磨损量的影响。

通常情况下，温度对磨损的影响主要表现在两个方面：一是破坏表面膜，使之产生新生面的直接接触；二是使金属处于回火状态，降低表面硬度。上述两方面都将促使磨损产生并加剧。图 16.19 所示为不同模具初始温度 t_0 下模具表面的磨损情况；图 16.20 所示为模具初始温度 t_0 与模具表面最大磨损量 w 的关系。

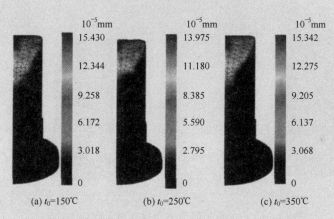

图 16.19 不同模具初始温度 t_0 下模具表面的磨损情况

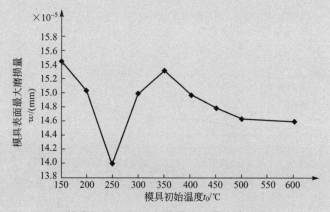

图 16.20 模具初始温度 t_0 与模具表面最大磨损量 w 的关系

由于开始阶段模具温度较低，在未完全达到模具的预热温度时，模具容易产生脆性断裂失效。随着表面温度的升高，表面形成的氧化膜阻止金属表面的大面积接触使磨损量减小。当模具初始温度为250℃时，成形后表层最高温度达到526.39℃，此时模具表面开始软化，且氧化膜的作用减弱造成磨损加剧。当模具初始温度为350℃时，其表层最高温度可达580.55℃，基体开始软化，强度降低，接触点局部温度非常高且接触应力增大，产生胶合现象，有塑性变形产生，磨损量反而减小。从上述分析和图16.20可以得出模具的最佳预热温度应在250℃左右。

③ 润滑条件对磨损量的影响。

良好的润滑不仅能提高挤压件的表面光洁度，减小挤压阻力，而且有利于保持模具表面质量，提高模具使用寿命。在加工过程中，由于某种原因模具表面得不到良好的润滑时，其表面质量将受到严重的影响。图16.21所示为不同摩擦因子 m 下模具表面磨损分布情况。当摩擦因子为0.15时，模具表面最大磨损量为 14.776×10^{-5} mm；当摩擦因子为0.5时，最大磨损量为 15.802×10^{-5} mm。

图16.22所示为摩擦因子 m 与模具表面最大磨损量 w 的关系，可表示为

$$w = 66.67m^3 - 54.14m^2 + 15.09m + 13.47$$

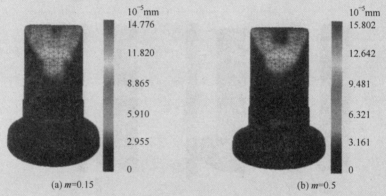

(a) m=0.15　　　　　　　　(b) m=0.5

图16.21　不同摩擦因子 m 下模具表面磨损分布情况

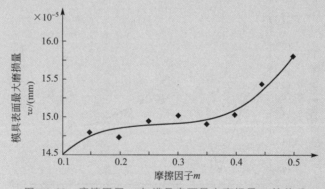

图16.22　摩擦因子 m 与模具表面最大磨损量 w 的关系

可以看出，当 $m < 0.35$ 时，曲线变化较为平坦；当 $m > 0.35$ 时，曲线斜率突增。即生产中若模具表面润滑不良，其抗磨损能力将大大降低，模具磨损量迅速增加。

（3）实验研究

模拟分析表明，在模具初始温度为200℃、坯料初始温度为950℃、摩擦因子 m 为0.3、成形速度 v 为250mm/s时，一次成形后的最大磨损量为 15.255×10^{-5} mm，若模具允许的最大磨损量为1mm，则模具抗磨损寿命为6555件。图16.23所示为凸模最大磨损量为0.43mm时，生产约2500件后的表面磨损情况。模拟结果表明：在实际生产中，模具的使用寿命（2500件）与模拟结果（2818件）有较大差距，与前面的结论（用磨损量预测模具的使用寿命时，应考虑温度对材料特性 K 与模具硬度的影响）一致。

磨损严重位置

图16.23　凸模最大磨损量为0.43mm时，生产约2500件后的表面磨损情况

资料来源：周杰，赵军，安治国. 热挤压模磨损规律及磨损对模具寿命的影响. 中国机械工程，2007，18(17)：2112-2115.

综合习题

（1）影响模具磨损的因素都包含什么？

（2）如何从工艺上减少模具的磨损？

（3）常见的磨损模型包括哪些？物理含义是什么？

第17章
热 处 理

本章学习目标

★ 了解零件热处理分析的基本设置过程；
★ 掌握热处理相变转换的具体设置；
★ 掌握热处理介质方案的设置；
★ 掌握热处理冷却方案的设置。

本章教学要点

知识要点	能力要求	相关知识
热处理分析过程	了解零件热处理分析的基本设置过程	相变设置，热处理介质及方案
相变转换	掌握热处理相变转换的具体设置	珠光体、奥氏体、马氏体之间的转换条件
热处理介质	掌握热处理介质方案的设置	预热参数，渗碳参数，淬火参数
冷却方案	掌握热处理冷却方案的设置	热处理方案工序时间分配

导入案例

金属材料的热处理工艺：在固态条件下将金属或合金加热到一定的温度，保持一定的时间，然后用不同的冷却方法冷却下来，通过对加热温度、保温时间、冷却速度三个主要因素的有机配合，使其发生金属相的转变，形成各种各样的组织结构，而获得所需要的使用性能。

为保证机械产品的质量和使用寿命，通常都要对重要的机械零件进行热处理。例如，机床制造业中有 $60\% \sim 70\%$ 的零件要进行热处理，汽车和拖拉机制造业中有 $70\% \sim 80\%$ 的零件要进行热处理，工模具制造业中则 100% 的模具要进行热处理。而且，只要选择的金属材料合适，热处理工艺得当，就能使机械零件的使用寿命成倍甚至十几倍地提高，收到事半功倍的效果。因此，热处理是机械零件和模具制造过程中的关键工序，是机械工业的一项重要基础技术，对于提高和控制材料的性能，充分发挥材料的性能潜力，节约材料，减少能耗并增加产品的可靠性，延长产品的使用寿命，提高生产单位的经济效益等都具有十分重要的意义。

DEFORM 是一套基于有限单元法的工艺仿真软件系统，用于分析金属成形及其相关工业的各种成形工艺和热处理工艺。其中的热处理模块可以模拟正火、退火、淬火、回火、渗碳等工艺过程，能够预测硬度、晶粒组织成分、扭曲和含碳量，并且有专门的材料模型用于蠕变、相变、硬度和扩散分析，同时可以分析材料晶相，以及每种晶相的弹性、塑性、热和硬度属性等。

【齿轮成形及热处理】

本章主要通过使用 Heat Treatment Wizard 的案例，使读者了解 DEFORM 进行热处理的基本过程，使读者能够模拟包含淬火、渗碳、回火的热处理过程。

17.1 问题分析

此案例是一个齿轮的热处理工序，齿轮零件如图 17.1 所示。考虑到零件的周期对称特点，这里取半个齿进行分析，半齿模型如图 17.2 所示。

【STL 文件下载-第 17 章】

图 17.1　齿轮零件

图 17.2　半齿模型

五个阶段热处理方案如下。

（1）在 550℃预热 30min(1800s)。

（2）在 850℃渗碳 2h(7200s)。

（3）在 100℃油淬火 20min(1200s)。

（4）在 280℃回火 1h(3600s)。

（5）在空气中冷却 1h(3600s)。

17.2 建 立 模 型

17.2.1 创建一个新的问题

（1）选择开始→程序→DEFORM V10-2→DEFORM-3D 命令，进入 DEFORM-3D 的主窗口。

（2）选择 **Heat Treatment** 选项，建立一个新的问题，并命名为 GearHT，如图 17.3 所示，单击 Next > 按钮。

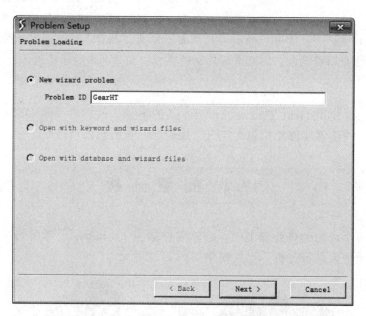

图 17.3 问题加载

17.2.2 基本设置

在初始资料窗口，单位设置为国际单位制（SI）单位，选中 Deformation、Diffusion 及 Phase Transformation 复选框，如图 17.4 所示，单击 Next > 按钮。

17.2.3 输入几何体

在几何输入界面，选择从文件输入几何体（Import From a Geometry，.KEY, or .DB

file），如图 17.5 所示，单击 Next > 按钮。找到 V10-2\3D\LABS 的 GearTooth.STL 文件，然后单击 打开⑩ 按钮导入。导入的几何体如图 17.6 所示。

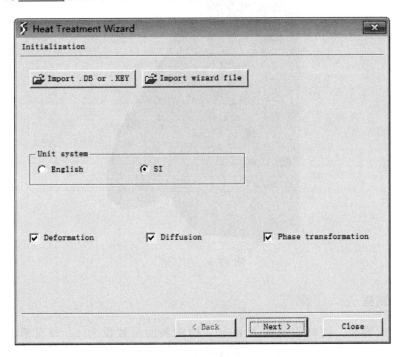

图 17.4　初始资料

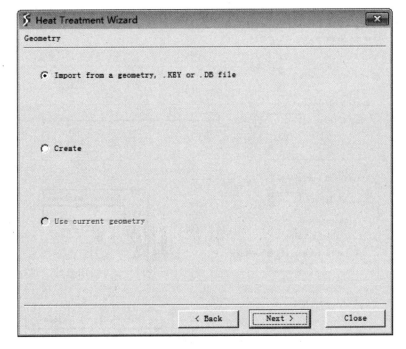

图 17.5　导入零件

图 17.6　几何体

17.2.4　生成网格

在网格生成界面，网格数量输入 8000，结构表面层数设为 1，厚度模式（Thickness Mode）选择比率模式（Ratio to Overall Dimension），层厚度值为 0.005，如图 17.7 所示。设置完成后单击 Next > 按钮，生成网格。划分完成网格的坯料如图 17.8 所示。

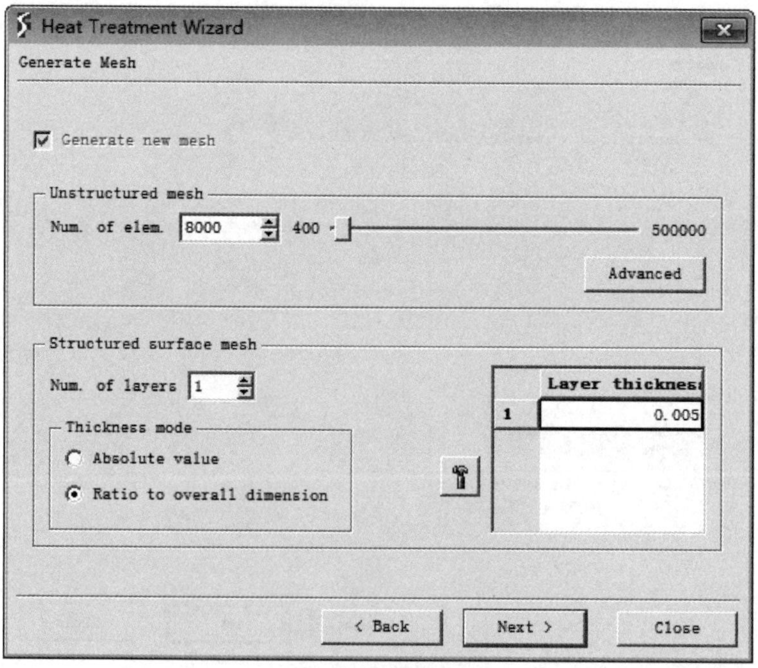

图 17.7　网格生成

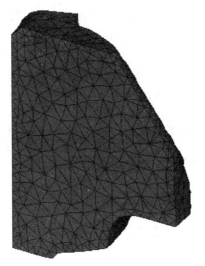

图 17.8　划分完成网格的坯料

17.2.5　材料的定义

在材料定义界面，选择从 DB 或者 KEY 文件输入（Import from . DB or . KEY files），如图 17.9 所示，单击 `Next >` 按钮。选择安装目录下 V10‐2\3D\LABS 下 Demo＿Temper＿Steel. KEY 文件，界面如图 17.10 所示，单击 `Load` 按钮，进入坯料设定界面。

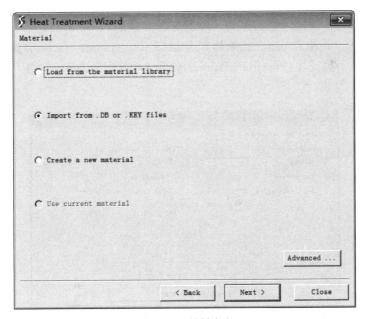

图 17.9　材料定义

◇ 提示：可以单击 `< Back` 按钮回到前面，单击 `Advanced ...` 按钮，在弹出的对话框中可以对材料和转变性质进行编辑。需要注意的是，此 Demo 材料是包含多种相的复杂材料，包括奥氏体［Austenite（A）］，铁素体［Ferrite（F）］，低碳马氏体［Low‐carbon Martensite（LM）］，马氏体［Martensite（M）］，珠光体＋贝氏体［Pearlite＋Bainite（PB）］，回火贝氏体［Temper Banite

(TB)]，回火铁素体＋渗碳体［Temper Ferrite＋Cementite（TFC）］。相间的转化有 A->F、A->PB、A->TB、A->M、PB->A、M->LM、M->A、LM->TFC、TB->A 和 TFC->A。在这些转变中，A->F，A->PB，A->TB，M->LM 和 LM->TFC 由 TTT 曲线控制(过冷奥氏体等温转变曲线)。A->M 使用马氏体转变模型，PB->A，M->A，TB->A 和 TFC->A 使用简化扩散模型。A->F 需要遵守碳含量平衡。

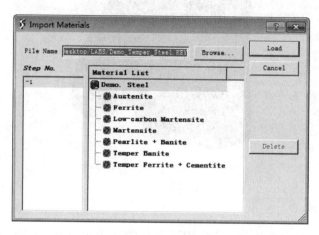

图 17.10　输入材料

17.2.6　坯料设定

在坯料设定界面，温度(Temperature)设置为一致的(Uniform)20℃。原子(Atom)选择一致的(Uniform)并输入 0.2。相的体积分数(Phase volume fraction)选择一致的(Uniform)并将珠光体＋贝氏体(Pearlite＋Bainite)设为 1，其余设为 0，如图 17.11 所示，单击 Next > 按钮。

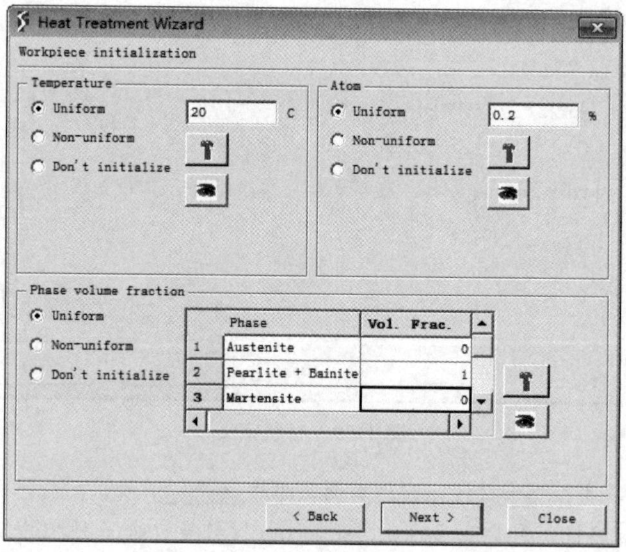

图 17.11　坯料设定

17.2.7　介质定义

在介质界面可以定义介质和相关传热区域。

(1) 单击 Rename 按钮，将第一种介质名字改为 Heating Furnace，如图 17.12 所示，单击 OK 按钮。将传热系数(Heat transfer coefficient)设置为默认(Default)常数(Constant)0.1，如图 17.13 所示。

图 17.12　修改名称

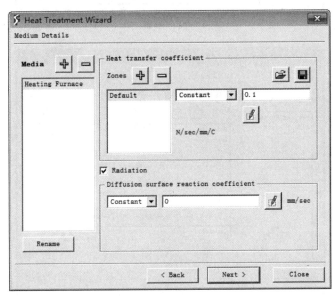

图 17.13　加热工序

(2) 单击 ➕ 按钮，增加新的介质，名字为 Carb. Furnace。将传热系数(Heat transfer coefficient)设置为默认(Default)常数(Constant)0.05。在 Diffusion surface reaction coefficient 输入 0.0001，如图 17.14 所示。

(3) 单击 ➕ 按钮，增加新的介质，名字为 Oil，取消选中 Radiation 复选框。将传热系数(Heat transfer coefficient)设置为默认(Default)常数(Constant)0。在 Zones 右边单击 ➕ 按钮，增加区域 Zone♯1，如图 17.15 所示。视图窗口出现选择工具，如图 17.16 所示。选择齿形底面，如图 17.17 所示。单击 ❡ 按钮，逐步选择底面单元，选完后零件如图 17.18 所示。

(4) 将传热改为温度相关，单击 ✏ 按钮，输入图 17.19 中的热传导系数，单击 Apply 按钮，左边图形区出现如图 17.20 所示的热传导系数曲线。单击 OK 按钮，退出此界面。

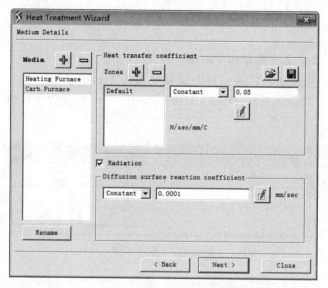

图 17.14　渗碳工序

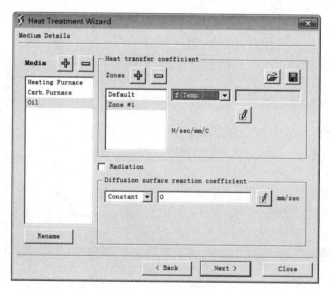

图 17.15　淬火工序

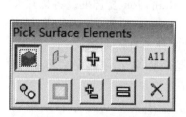

图 17.16　选择工具

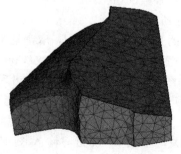

图 17.17　齿形底面

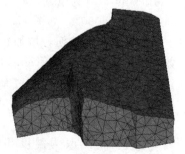

图 17.18　逐步选择后的零件

	Temperature	Convection Coefficient	
1	20	2.1	
2	250	2.8	
3	500	6.8	
4	750	4	
5	1000	2.5	
6			

图 17.19　热传导系数

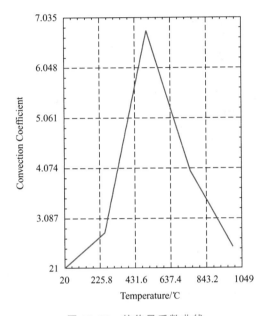

图 17.20　热传导系数曲线

（5）单击 ➕ 按钮，增加新的介质，名字为 Air，将传热系数（Heat transfer coefficient）设置为默认（Default）常数（Constant）0.02，如图 17.21 所示，单击 Next > 按钮。

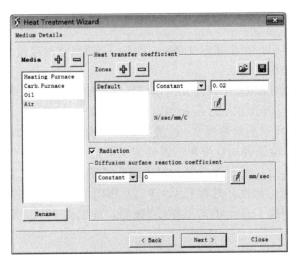

图 17.21　空气冷却工序

17.2.8 方案定义

在方案定义界面输入五个阶段工序计划。

（1）在 550℃预热 30min(1800s)。

（2）在 850℃渗碳 2h(7200s)，将原子容量（Atom）设置为 0.8。

（3）在 100℃油淬火 20min(1200s)。

（4）在 280℃回火 30min(1800s)。

（5）在空气中冷却 1h(3600s)。

输入后方案如图 17.22 所示，单击 Next > 按钮。

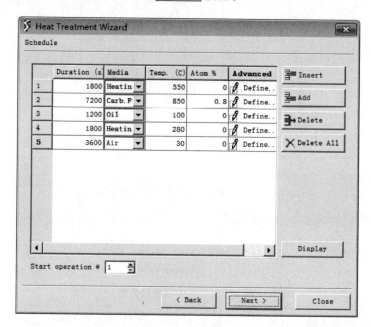

图 17.22　方案定义

17.2.9 设置模拟控制

（1）在模拟控制界面，在步骤定义（Step Definition）里将温度改变步骤（Temp. Change Per Step）改为 2，其他保持默认。

（2）然后定义两个对称面（注意此几何体只是齿轮的半个齿）。单击 ➕ 按钮，增加对称面 Sym. Plane♯1，并选择图 17.23 所示的对称面 1。单击 ➕ 按钮，增加对称面 Sym. Plane♯2，并选择图 17.23 所示的对称面 2。设置完成的模拟控制界面如图 17.24 所示。

（3）此外，因为模型是弹塑性变形，需要定义固定节点边界条件。这需要选择边界条件件将其分配给合适的节点。对于此模型，对称面已经提供了 X、Y 方向和旋转约束。因此只需定义 Z 方向的约束。因此，选择 V_z = 0，利用图 17.25 所示的 one by one 选择功能，选择图 17.26 所示的限制节点。单击 Finish 按钮，弹出图 17.27 所示的询问对话框，单击 OK 按钮同意。

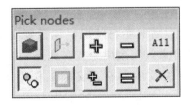

图 17.23　对称面

图 17.24　模拟控制

图 17.25　one by one 选择

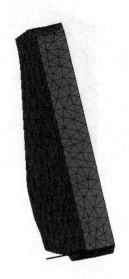

图 17.26　限制节点

【KEY 文件下载-第 17 章】

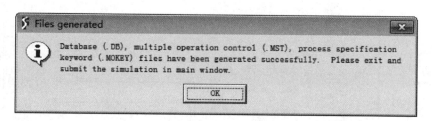

图 17.27　询问对话框

（4）单击█按钮退出热处理模块，进入 DEFORM-3D 主窗口。

17.3　模拟和后处理

【热处理】

在 DEFORM-3D 主窗口选择 Simulator 中的 <u>Run</u> 选项开始模拟。

◇ 提示：热处理运算比较复杂，需要的时间较长。

运算结束后，选择 <u>DEFORM-3D Post</u> 选项，进入后处理模块。模拟结果如图 17.28 所示。

（1）检查油淬火以后的坯料状况，包括碳含量，马氏体（M）、铁素体（F）和珠光体＋碳素体（PB）的体积分数，残余应力。在此点，接近齿面的马氏体含量是 0.77，最大等效应力达到 470ksi（由于裂纹的存在，实际工作中不存在这么高的应力，1ksi＝6.894N/mm^2＝6.894MPa）。

（2）检查回火后坯料的状况。注意齿面马氏体减少到 0.2，大部分已经转化为回火铁素体＋渗碳体，最大等效应力也减小到 180ksi。

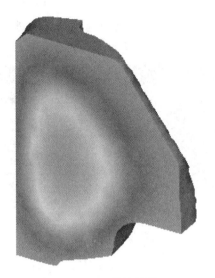

图 17.28　模拟结果

应用案例 17-1

（1）数值模拟技术

多年以来，由于热处理工艺的复杂性和认识的局限性，使得对于热处理的计算机模拟这一领域的研究一直都是各国学者和专家们所致力的热点和重点。

（2）工艺实例

为了更形象地说明 DEFORM 在金属热处理工艺设计中的应用，本文以齿轮锻件的热处理工艺设计为例进行阐述，其渗碳工艺方案如图 17.29 所示。

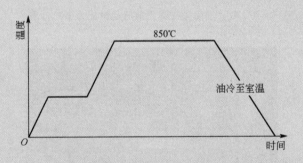

图 17.29　齿轮锻件的热处理渗碳工艺方案

（3）模拟结果

低碳钢锥齿轮渗碳后油冷而后再进行调质处理。图 17.30 所示的云图清晰地表明了经过调质处理后的锥齿轮的马氏体含量由原来的 80％ 下降到现在的 25％ 左右，其综合机械性能和疲劳强度都得到相应提升，这和已有的实际经验是完全一致的。

图 17.31 所示为锥齿轮在调质前后径向应力分布云图。通过计算机模拟，我们可以清楚地知道，通过调质处理，齿轮的耐磨性得到了提升，径向应力也从原来的 160ksi 降低到

处理后的130ksi。DEFORM不仅能对应力应变及金属相进行分析，而且还能对产品的机械性能进行预测和模拟。图17.32所示为经过调质处理后产品的硬度变化情况。

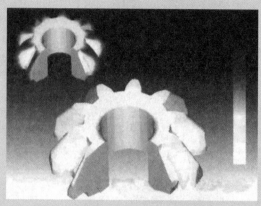

图17.30　锥齿轮在调质前后马氏体含量分布云图

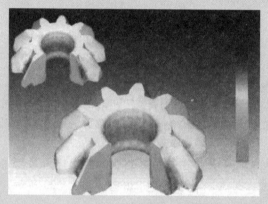

图17.31　锥齿轮在调质前后径向应力分布云图

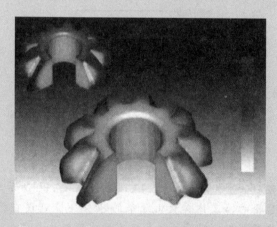

图17.32　经过调质处理后产品的硬度变化情况

　　资料来源：濮仲佳，马月青，董万鹏，等. DEFORM在金属热处理工艺设计中的应用. 锻造与冲压，2005(11)：56，58.

 综合习题

（1）金属材料热处理包含哪些工艺？不同的热处理工艺能获得什么样的组织？性能是什么？

（2）如何获得材料用于模拟分析的数据文件？

（3）组织之间相互转换的原理是什么？

第18章
晶粒度分析

本章学习目标

★ 了解晶粒度分析的基本设置过程；
★ 掌握离散点阵的具体设置；
★ 掌握晶粒形核条件的设置；
★ 掌握晶粒生长条件设置。

本章教学要点

知识要点	能力要求	相关知识
晶粒度分析	了解晶粒度分析的基本设置过程	离散模型，晶核形核及生长条件，演变过程
离散点阵	掌握离散点阵的具体设置	区域设置，尺寸设置
晶粒形核条件	掌握晶粒形核条件的设置	形核的可能性，形核尺寸
晶粒生长条件	掌握热处理冷却方案的设置	晶粒长大常数等

导入案例

　　先进塑性加工技术的飞速发展要求在确保产品形状、尺寸精度的同时，更加注重产品综合机械性能的提高。而产品的机械性能在很大程度上由材料微观组织的变化决定，如图 18.0 所示的金属晶粒。因此预测与控制产品微观组织结构，对提高产品性能具有重要的现实意义。近年来，微观组织的模拟、预测及控制已成为国内外学者的研究热点，引起越来越多学者的关注。

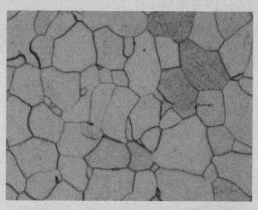

图 18.0　金属晶粒

　　本章主要是使读者了解塑性成形的微观结构分析，可以预测热变形状态下材料的硬化、回复和再结晶，以及晶粒形状的改变。

18.1　分 析 问 题

　　具体成形工艺请参照第 6 章，此章节分析成形工艺过程中的晶粒度变化情况，如图 18.1 所示。

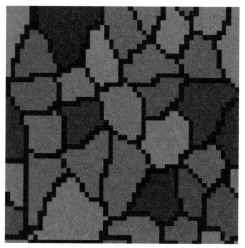

图 18.1　晶粒度问题

18.2 建 立 模 型

18.2.1 创建一个新的问题

在 DEFORM - 3D 的主窗口，选中 PROBLEM/Spike 目录的 Spike.DB 文件，单击后处理下面的 `Microstructure` 按钮，打开 DEFORM - MICROSTRUCTURE 窗口，如图 18.2 所示，单击 `Add project` 按钮增加计划。

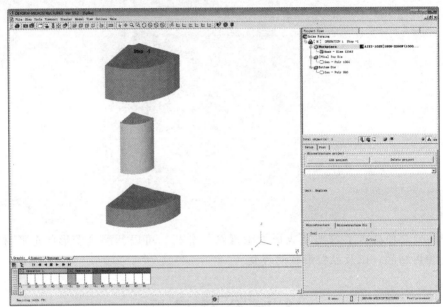

图 18.2 微结构截面

18.2.2 追踪选项设置

单击 `Define` 按钮，在坯料上选择两点，如图 18.3 所示，追踪点坐标，如图 18.4 所示，单击 `Next >` 按钮，在追踪选项界面选中 No 单选按钮，如图 18.5 所示，不将结果保存到文件中，单击 `Next >` 按钮。

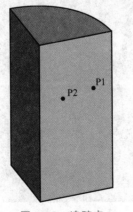

图 18.3 追踪点

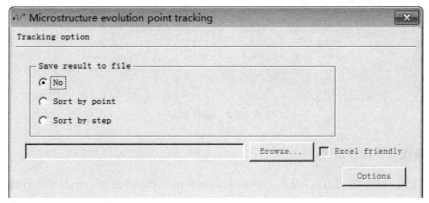

图 18.4　追踪点坐标

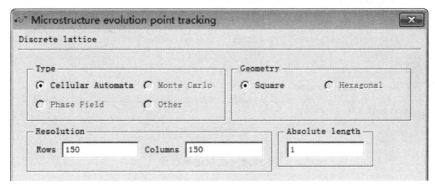

图 18.5　追踪选项

18.2.3　离散点阵设置

在离散点阵界面，类型选中 Cellular Automata 单选按钮，几何选中 Square 单选按钮，行和列分别设置为 150，绝对尺寸设为 1，如图 18.6 所示，单击 Next > 按钮。

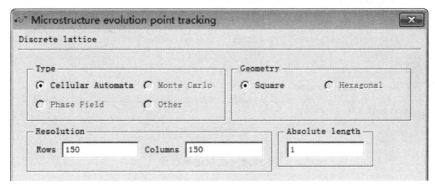

图 18.6　离散点阵

18.2.4　边界条件设置

在边界条件界面，保持默认设置，如图 18.7 所示，单击 Next > 按钮。

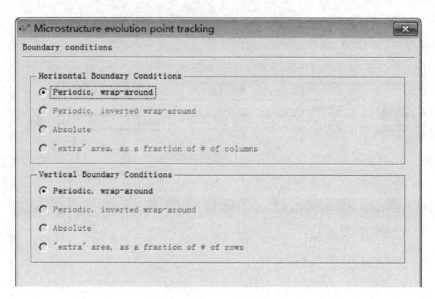

图 18.7　边界条件

18.2.5　晶粒边界条件设置

在晶粒边界选项界面，设定 Grain boundaries coupled to material flow 为 No，Neighborhood设为 Moore's neighborhood，半径设为 1，如图 18.8 所示，单击 Next > 按钮。

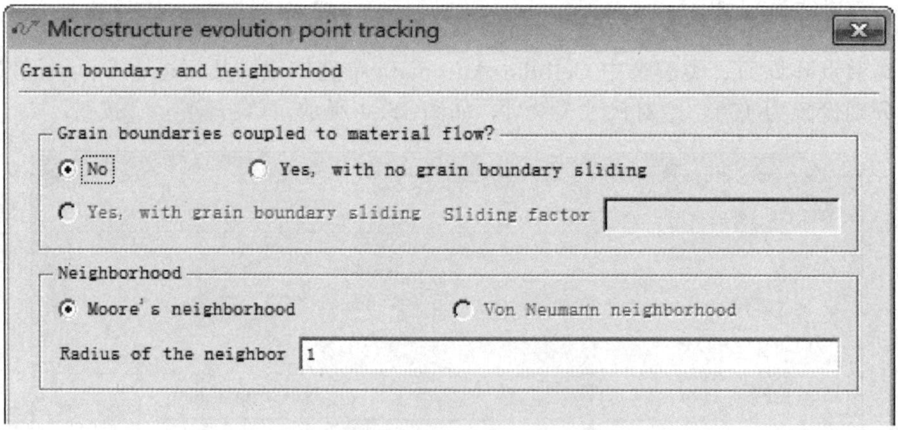

图 18.8　晶粒边界条件

18.2.6　位错密度参数设置

在位错密度参数界面，参数设置为 $\dot{\varepsilon}_0 = 1$，$Q = 265000$，$h_0 = 0.00075$，$r_0 = 2000$，$K = 6030$，$m = 0.2$。如图 18.9 所示，单击 Next > 按钮，完成位错密度常数设置。

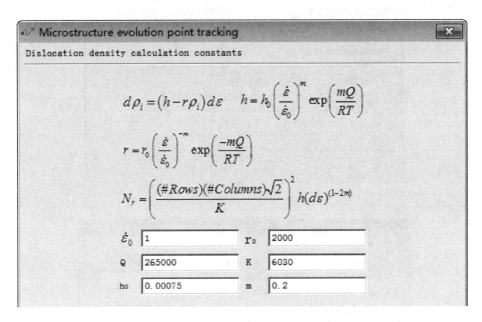

图 18.9　位错密度

18.2.7　再结晶设置

在再结晶界面选中 Discontinuous Dynamic Recrystallization（DRX）复选框，如图 18.10 所示，单击 Next > 按钮。

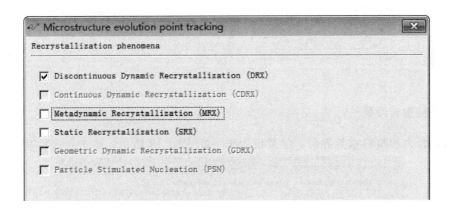

图 18.10　再结晶

18.2.8　形核状况设置

（1）在晶核形成条件界面 1 选中 Function of threshold dislocation density and probability 单选按钮，如图 18.11 所示，单击 Next > 按钮。

（2）在晶核形成条件界面 2 将 Critical dislocation density for DRX 设为 0.02，Probability of nucleation 设为 0.01，如图 18.12 所示，单击 Next > 按钮。

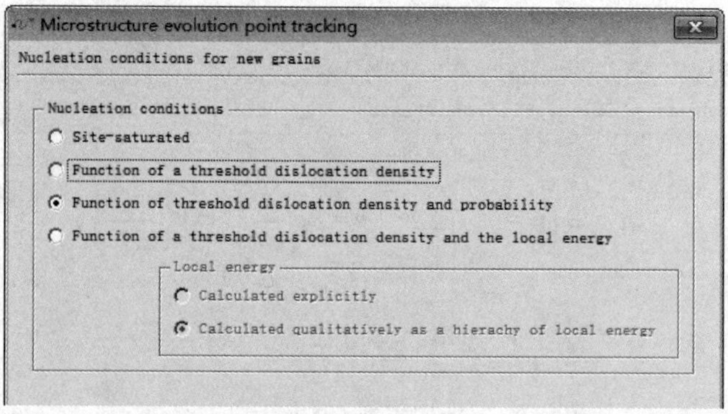

图 18.11　形核状况

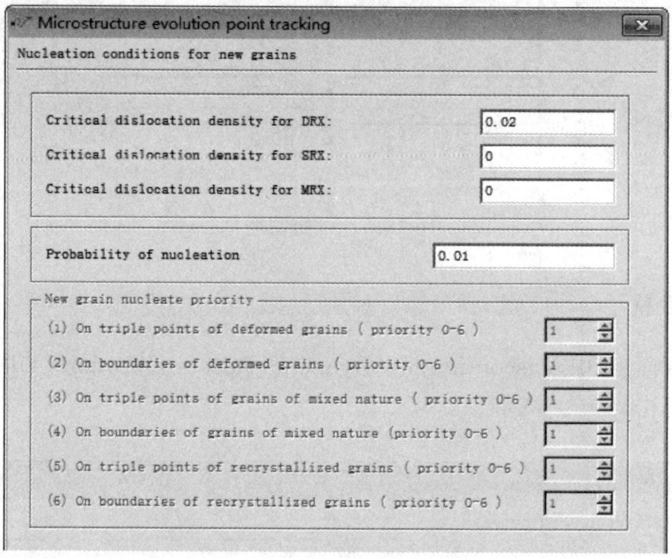

图 18.12　形核的可能性

18.2.9　晶粒生长设置

在晶粒长大和材料常数界面，常数设为 1，如图 18.13 所示，单击 Next > 按钮。

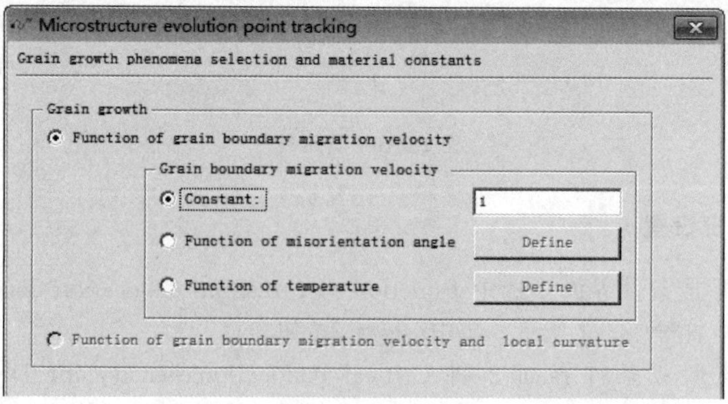

图 18.13　晶粒长大

18.2.10 流动应力和材料常数设置

（1）在流动应力和材料常数界面，单击 Define 按钮，输入温度为 100，流动应力为 20000000；温度为 500，流动应力为 10000000，如图 18.14 所示，单击 Apply 按钮，窗口左侧出现材料的流动应力曲线，如图 18.15 所示，单击 OK 按钮，将 Elastic Shear Modulus（G）in Pa 设为 260e9，Burgers Vector（b）in meter 设为 0.352e-9，如图 18.16 所示，单击 Next > 按钮。

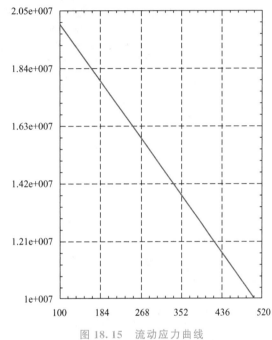

	Temperature	Natural flow stress of t
1	100	20000000
2	500	10000000
3		

图 18.14　流动应力

图 18.15　流动应力曲线

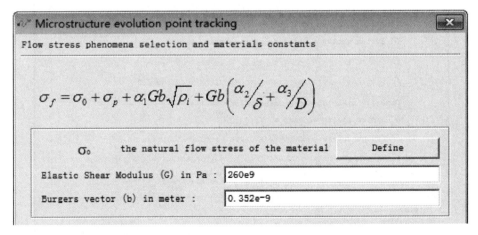

图 18.16　材料参数

（2）在弹出的界面设置 $\alpha1$ 为 1，$\alpha2$ 为 0.1，其他默认，如图 18.17 所示，单击 Next > 按钮。

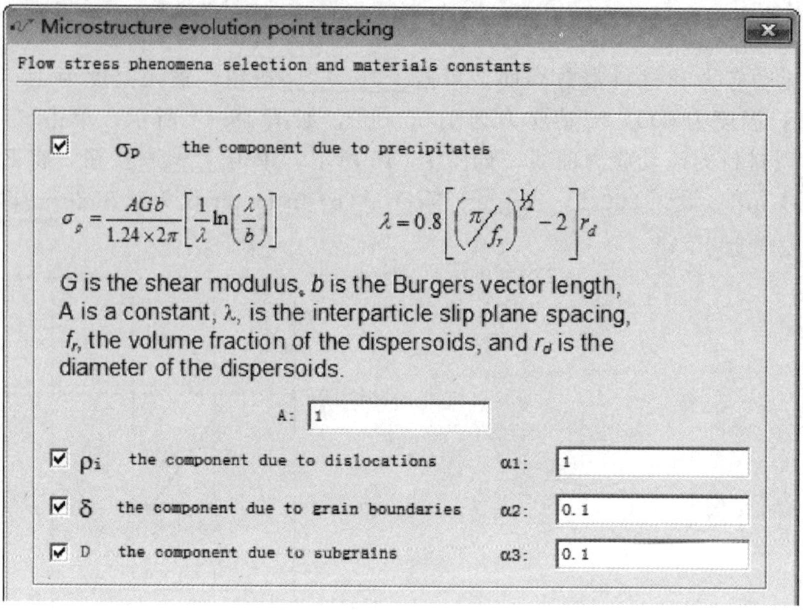

图 18.17　材料常数

18.2.11　初始输入设置

在微结构输入界面将默认值 25 改为 5，其他参数的设置如图 18.18 所示，设置完成后单击 Next > 按钮。

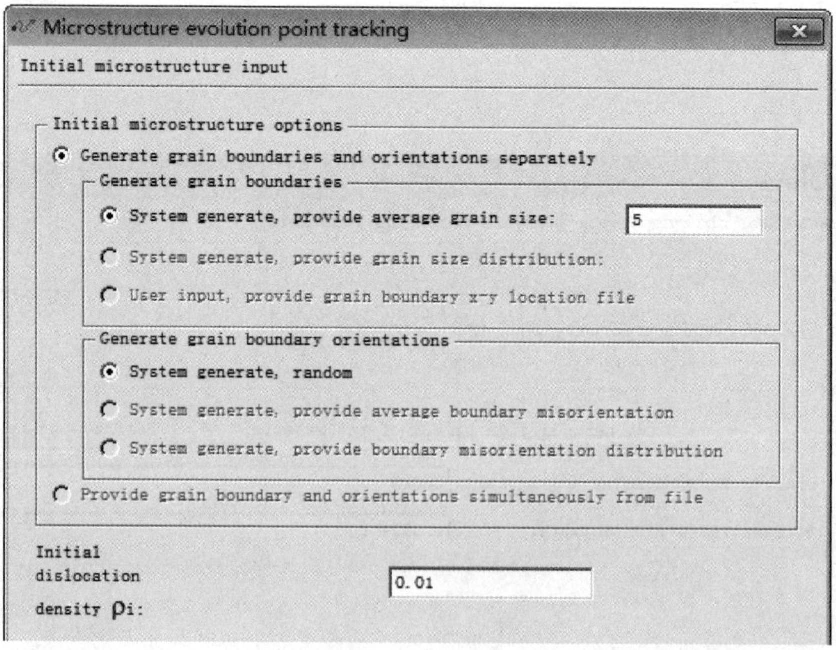

图 18.18　初始输入设置

18.2.12 晶粒演变设置

在微结构演变用户常规界面保持默认设置，如图 18.19 所示。

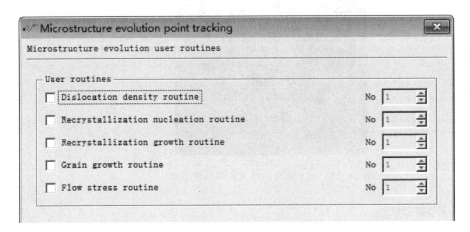

【KEY 文件下载-第 18 章】

图 18.19 晶粒演变设置

18.3 模拟和后处理

单击 Finish 按钮，软件开始执行微结构演变过程。演变过程受到应变率、应变、温度等诸多因素的影响。

(1) 单击 Post 按钮，视图区域如图 18.20 所示，显示了两个点的初始晶粒度状况。

(2) 在 Microstructure 选项卡下，取消勾选点 2，如图 18.21 所示，视图区域将只显示点 1 的晶粒度状况，单击 ▶ 可以看到晶粒度的演变过程。图 18.22 所示为点 1 预成形结束的晶粒度情况。

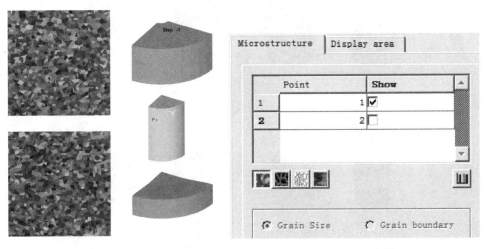

图 18.20 晶粒度状况   图 18.21 选点情况

（3）四个图标分别为晶粒、密度、边界、晶粒和边界选项。

【晶粒度分析】

图 18.22　点 I 预成形结束的晶粒度情况

应用案例 18-1

　　本案例要模拟的锻造过程是一个复杂的自由锻过程，整个自由锻过程采用 DEFORM-3D 模拟。原始坯料尺寸为 φ430mm×900mm，最终锻件尺寸为 2070mm×2000mm×225mm。

　　（1）自由锻工艺方案的设计

　　这里设计的锻造工艺方案包括镦粗、拔长、滚圆及平整等过程，目的是使坯料变形充分，消除铸造组织缺陷及改善坯料心部死区变形情况。本方案包括两次拔长和三次镦粗过程。模拟过程共分四次加热。模拟过程中坯料初始温度为 450℃，模具温度为 300℃，模具与坯料间摩擦因数取 0.3，热传导系数为 2W/(m·℃)，环境温度为 20℃，输热系数为 0.02N/(mm·s·℃)，模具的下压速度为 15m/s。本次模拟中采用的锻造方案如图 18.23 所示。工艺流程、设备及锻造尺寸设计见表 18-1。

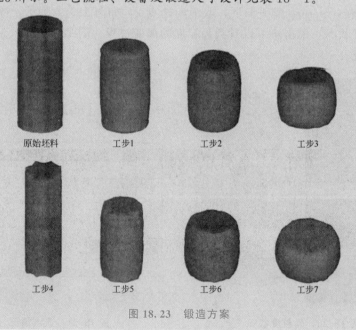

图 18.23　锻造方案

表 18-1　工艺流程、设备及锻造尺寸设计

工　步	锻造工具	设　备	锻造方案
1	上平砧，下凹弧砧	6#机	镦粗至 $h=750^{+5}$ mm
2	平砧		镦粗至 $h=400^{+5}$ mm
3	平砧	3#机	镦粗至 $h=240^{+5}$ mm
4	平砧（倒棱拔长），拔长弧形砧直接放在下砧上（滚圆）	6#机	倒棱拔长至 $\phi380^{+10}$ mm、滚圆至 $\phi450^{+10}$ mm
5	同工步 1		镦粗至 $h=750^{+5}$ mm
6	同工步 2		镦粗至 $h=400^{+5}$ mm
7	同工步 3	3#机	镦粗至 $h=240^{+5}$ mm
8	同工步 4	6#机	倒棱拔长至 $\phi380^{+10}$ mm、滚圆至 $\phi450^{+5}$ mm
9	同工步 1		镦粗至 $h=750^{+5}$ mm
10	同工步 2		镦粗至 $h=400^{+5}$ mm
11	同工步 3	3#机	镦粗至 $h=260^{+5}$ mm

表 18-2 所示为 7050 铝合金材料基本参数。表 18-3 所示为在 DEFORM-3D 平台上模拟时的基本参数。

表 18-2　7050 铝合金材料基本参数

材料参数	值	材料参数	值
杨氏模量/MPa	68900	Burgers 矢量/m	2.58×10^{-10}
泊松比	0.3	剪切模量/(MN·m^{-2})	2.59×10^{3}
热扩散系数/(m^2·s^{-1})	2.2×10^5	热激活能/(kJ·mol^{-1})	231.9
热传导率/[W/(m·℃)]	180.181	边界移动激活能/(kJ·mol^{-1})	117.2
热辐射系统	0.7		

表 18-3　在 DEFORM-3D 平台上模拟时的基本参数

模拟参数	值	模拟参数	值
初始温度/℃	450	摩擦因数	0.3
模具温度/℃	300	热传导系数/[W/(m^2·℃)]	0.02
环境温度/℃	20	模具下压速度/(mm·s^{-1})	15
终锻温度/℃	400	原始晶粒尺寸/μm	90

（2）自由锻工艺模拟结果分析

这里将热力模拟实验获得的材料系数与模型在 DEFORM-3D 平台上对 7050 铝合金大锻件自由锻过程进行了仿真模拟。CA 法采用均匀的网格划分，每一时刻基元的状态用

有限的值加以描述，初始晶粒采用等轴长大方式形成。为了用有限的空间代替无限的空间，采用了周期性边界条件，所取的平面区域划分为 200×200 个网格，代表 1mm× 1mm 的实际样品，所选的材料为 7050 铝合金。图 18.24(a)所示为坯料。模拟的自由锻过程包括三次镦粗 [图 18.24(b)]、两次拔长 [图 18.24(c)] 及平整打方 [图 18.24(d)]。这里微观组织模拟的区域为中心区域(P1)，以下图示都为中心区域的微观组织结构。P2 所示为坯料端部，用来与中心区域的再结晶过程做比较。

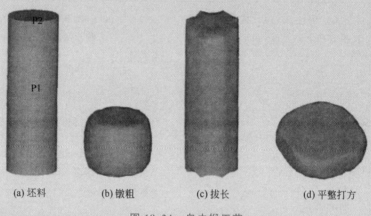

(a) 坯料   (b) 镦粗   (c) 拔长   (d) 平整打方

图 18.24　自由锻工艺

工步 1：利用平砧和凹形砧将坯料镦粗至 $h=750$mm，其中心截面的等效应变场、温度、动态再结晶体积百分数、平均晶粒尺寸及微观组织演变情况如图 18.25 所示。从模拟结果可看出，中心区域的等效应变较大(0.25 左右)，两端较小；与模具接触的两端温度较低，中心区域的结晶百分数较大，两端由于等效应变较小加之温度低而使得结晶百分数几乎为 0；中心区域的平均晶粒尺寸较小(42μm 左右)，两端由于未发生动态再结晶，晶粒尺寸较大，几乎没有改变原有的晶粒尺寸大小(90μm)。P1 处的微观组织显示，在第一次镦粗过程中有动态再结晶的发生，在原始晶粒晶界处开始有新晶粒的产生。

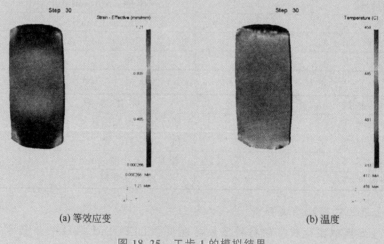

(a) 等效应变   (b) 温度

图 18.25　工步 1 的模拟结果

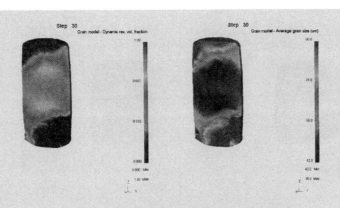

(c) 结晶体积百分数   (d) 平均晶粒尺寸

(e) 微观组织

图 18.25　工步 1 的模拟结果(续)

    工步 2：利用平砧将坯料镦粗至 $h=400$mm，其模拟结果如图 18.26 所示。从模拟结果可看出，坯料等效应变继续增大，中心区域可达 0.7；中心区域的温度均匀，两端部较低；结晶百分数仍然是中心区域(0.7 左右)较两端大(底部几乎为 0)；中心区域的平均晶粒尺寸约为 38μm，这是由于连续动态再结晶的发生导致晶粒进一步细化。微观组织图显示，随着变形的增大，新产生的动态再结晶晶粒不断增大，原始晶粒逐渐被新晶粒替代。

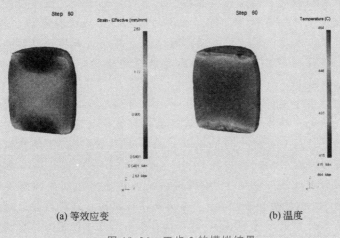

(a) 等效应变   (b) 温度

图 18.26　工步 2 的模拟结果

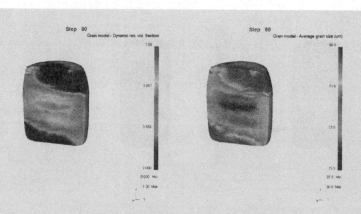

(c)结晶体积百分数　　　　　(d)平均晶粒尺寸

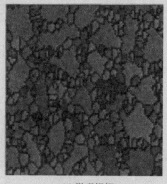

(e)微观组织

图 18.26　工步 2 的模拟结果（续）

其他工步数据略。

（3）拔长工艺对微观组织模拟的影响

图 18.27 所示为应变速率为 $0.1s^{-1}$，温度为 450℃，P1 处在锻造过程中经过两次拔长的微观组织演化。经过拔长后，坯料的等效应变有大幅度增加。从图中可以看出，在进行第一次拔长时的原始晶粒为粗大晶粒，随着应变的增加，位错密度达到动态再结晶的临界值，开始发生动态再结晶，得到细小的晶粒。第一次拔长后，再将坯料镦粗，然后进行第二次拔长，在这个过程中，动态再结晶所形成的新晶粒得到充分长大，但仍远小于原始晶粒。当位错密度再次达到动态再结晶的临界值时，发生第二次动态再结晶，得到更加细小的晶粒。

在本次模拟中，由于坯料与模具接触导致坯料两端与模具接触温度较低，并且由于中心区域等效应变较大，故在变形过程中再结晶百分数中心区域较大。在第一次镦粗过程中，中心区域的再结晶百分数达到了 85%，而两端几乎为 0，平均晶粒尺寸中心区域为 $40\mu m$ 左右，而两端为 $90\mu m$（原始晶粒）。当进行完第一次拔长后，由于等效应变增大明显，中心区域的再结晶百分数达到 100%，而两端也发生明显动态再结晶，平均晶粒尺寸中心区域为 $13\mu m$，两端为 $25\mu m$。再次将坯料镦粗，这时坯料大部分区域都发生了再结晶，平均晶粒尺寸最大为 $20\mu m$，最小为 $11\mu m$。当进行完第二次拔长后，两端与

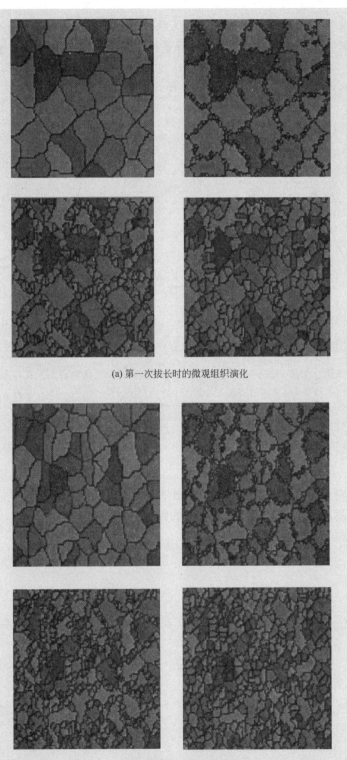

(a) 第一次拔长时的微观组织演化

(b) 第二次拔长时的微观组织演化

图 18.27　拔长工艺对微观组织演化的影响

中心区域都发生了较完全的动态再结晶，这时两端的平均晶粒尺寸为 $14\mu m$。最后将坯料平整到终锻件，此时锻件绝大部分区域的再结晶百分数都接近 100%，平均晶粒尺寸为 $10\mu m$ 左右。图 18.28 表明随着模拟锻造工步的增加，再结晶百分数不断增加，同时平均晶粒尺寸逐步减小，锻件中心区域(P1)与锻件的端部(P2)的变形组织趋于均匀。

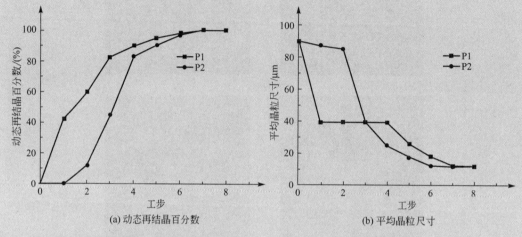

图 18.28　锻件不同区域的动态再结晶百分数与平均晶粒尺寸随锻造工步的变化

资料来源：刘超. 基于 DEFORM-3D 的 7050 铝合金大锻件成形工艺与晶粒尺寸演化研究.

长沙：中南大学，2009.

综合习题

（1）金属材料的晶粒度对材料的性能有什么影响？

（2）影响金属成形工艺最终产品晶粒度的因素包括哪些？

（3）怎样获得合理的晶粒度状况？

附录

常见材料各国牌号对照表

中国	俄罗斯	美国	英国	日本	法国	德国
GB	ГОСТ	ASTM	BS	JIS	NF	DIN
25CrMo	25XM	4119	CDS12	SCM420	18CD4	25CrMo4
30CrNi3	30XH3A	3435	653M31	SNC631	30NC12	30CrNiMo8
42CrMo	—	4041	708A42	—	42CD4	42CrMo4
ZL105	АЛ5	A03550	LM16	AC4D	—	G—A1Si5Cu
12Cr2Ni4	12X2H4A	3310	659M15	—	12NV15	14NiCr18
ML15Cr	15X	5115	527A17	SCr415	—	17Cr3
08F	08КП	1006	040A04	S09CK	—	C10
8	8	1008	050A04	S09CK	—	
10	10	1010	050A10	S10C	XC10	CK10
13	13	1013	050A13	S13C	XC13	CK13
15	15	1015	050A15	S15C	XC15	CK15
16	16	1016	050A16	S16C	XC16	CK16
20	20	1020	050A20	S20C	XC20	CK20
25	25	1025	050A25	S25C	XC25	CK25
30	30	1030	050A30	S30C	XC30	CK30
35	35	1035	050A35	S35C	XC35	CK35
43	43	1043	050A43	S43C	XC43	CK43
45	45	1045	050A45	S45C	XC45	CK45
55	55	1055	050A55	S55C	XC55	CK55
60	60	1060	050A60	S60C	XC60	CK60
70	70	1070	050A70	S70C	XC70	CK70
78	78	1078	050A78	S78C	XC78	CK78
95	95	1095	050A95	S95C	XC95	CK95
15Mn	15Г	1115	080A17	SB46	XC12	14Mn4
Y35	A35	1137	212M36	—	35MF6	35S20
20Mn2	—	1524	0355GH	SMn420	P0355GH	P355GH
0Cr18Ni12Mo2Ti	08X17H13M2T	316	—	SUS316	Z8CNDT17・12	
42CrMo	38xM	4140	42CrMo4	SCM440	42CrMo4	42CrMo4
60CrMnMoA	—	4161	805A60	SUP13	—	60CrMo3・3
40CrNiMoA	40XHMA	4340	817M40	SNCM439	40NCD3	36NiCrMo4
15Cr	15X	5115	527A17	SCr415	—	17Cr3
20Cr	20X	5120	590M17	SCr420	20C4	20Cr4
35Cr	35X	5135	530A36	SCr435	38C4	34Cr4
40Cr	40X	5140	530A40	SCr440	42C4	41Cr4
20Cr	20X	5120	527A19	SCr420	18C3	20Cr4
G20CrNiMo	—	8620	805A	—	20NCD2	21NiCrMo2・2
4Cr5MoSiV1	4X5МФ1C	H13	—	SKD61	Z40CDV5	X40CrMoV5・1

参 考 文 献

程然, 胡建华, 黄尚宇, 等, 2010. 基于有限元分析的精冲凸模寿命估算 [J]. 塑性工程学报, 17 (3): 119-123.

董湘怀, 2005. 材料加工理论与数值模拟 [M]. 北京: 高等教育出版社.

董湘怀, 2006. 材料成形计算机模拟 [M]. 北京: 机械工业出版社.

方刚, 曾攀, 2001. 金属板料冲裁过程的有限元模拟 [J]. 金属学报 (6): 653-657.

胡建军, 许洪斌, 金艳, 等, 2007. 基于有限元计算的金属断裂准则的应用与分析 [J]. 锻压技术, 32 (3): 100-103.

胡建军, 许洪斌, 金艳, 等, 2009. 塑性成形数值仿真精度的提高途径 [J]. 锻压技术, 34 (2): 149-151.

李传民, 王向丽, 闫华军, 2007. DEFORM5.03 金属成形有限元分析实例指导教程 [M]. 北京: 械工业出版社.

李尚健, 2002. 金属塑性成形过程模拟 [M]. 北京: 机械工业出版社.

刘超, 2009. 基于 DEFORM-3D 的 7050 铝合金大锻件成形工艺与晶粒尺寸演化研究 [D]. 长沙: 中南大学.

刘桂华, 任广升, 徐春国, 2004. 辊锻三维变形过程的数值模拟研究 [J]. 塑性工程学报, 11 (3): 89-92.

刘陶, 龙思远, 2010. 基于 DEFORM-3D 的铝合金筒形件旋压成形过程数值模拟 [J]. 锻压技术: 特种铸造及有色合金, 30 (6): 508-510.

刘文科, 张康生, 王福恒, 等, 2010. DEFORM-3D 在楔横轧成形模拟中的应用 [J]. 冶金设备, 6 (181): 52-54.

刘洋, 周旭东, 孟惠霞, 2007. 带钢热连轧过程轧制力三维有限元模拟 [J]. 锻压技术, 32 (5): 142-144.

罗静, 邓明, 胡建军, 2005. 精冲过程的计算机模拟及工艺参数优化 [J]. 锻压装备与制造技术 (4): 72-74.

濮仲佳, 马月青, 董万鹏, 等, 2005. DEFORM 在金属热处理工艺设计中的应用 [J]. 锻造与冲压 (11): 56-58.

施江澜, 2004. 材料成形技术基础 [M]. 北京: 机械工业出版社.

孙继旺, 付建华, 李永堂, 2009. 基于 DEFORM-3D 的后桥半轴摆辗新工艺分析 [J]. 锻压技术, 34 (3): 160-163.

田甜, 张诗昌, 2009. DEFORM 在锻造中的应用 [J]. 冶金设备 (5): 67-70.

王梦寒, 2002. F738 壳体成形工艺数值模拟仿真及优化 [D]. 重庆: 重庆大学.

杨春, 盛志刚, 王华昌, 2008. 提高自由镦粗成形质量的工艺方法与有限元模拟 [J]. 铸造技术 (1): 111-113.

张莉, 李升军, 2009. DEFORM 在金属塑性成形中的应用 [M]. 北京: 机械工业出版社.

周杰, 赵军, 安治国, 2007. 热挤压模磨损规律及磨损对模具寿命的影响 [J]. 中国机械工程, 18 (17): 2112-2115.

周勇, 傅蔡, 2008. 基于 DEFORM-3D 的微型螺钉冷成形过程有限元分析 [J]. 机械设计与制造 (3): 109-111.